COMMENT JE SUIS DEVENU...

Philippe Pajot

Parcours de mathématiciens

Stella BaruK
Jean-Pierre Bourguignon
Michel Broué
Karine Chemla
Jean-Paul Delahaye
Nicole El Karoui
Denis Guedj
Maxim Kontsevich
Benoît Mandelbrot
Marie-Françoise Roy
Wendelin Werner
Jean-Christophe Yoccoz

Préface de
Michel Serres

Le Cavalier Bleu
EDITIONS

Philippe Pajot est journaliste scientifique, chargé de l'actualité des mathématiques pour le magazine *La Recherche*.

L'auteur tient à remercier Alain Bernard pour lui avoir transmis sa connaissance de l'histoire des mathématiques dans l'Antiquité, ainsi que Marie-Claude Garzon pour sa relecture attentive du manuscrit.

Sommaire

Préface de Michel Serres 5

Introduction 11

1. Stella Baruk 23
2. Jean-Pierre Bourguignon 41
3. Michel Broué 61
4. Karine Chemla 77
5. Jean-Paul Delahaye 95
6. Nicole El Karoui 111
7. Denis Guedj 129
8. Maxim Kontsevich 147
9. Benoît Mandelbrot 163
10. Marie-Françoise Roy 179
11. Wendelin Werner 197
12. Jean-Christophe Yoccoz 213

Annexes

Glossaire 233

Cahier pratique 238
(les formations, les métiers)

Préface

Au lecteur, avant de commencer, cet aveu d'humilité : pour écrire la préface, je soupçonne avoir été choisi, indigne, par homonymie avec Jean-Pierre Serre.

Mathématiques : le mot signifie, en grec, les choses que l'on apprend, celles que l'on enseigne. De fait, et comme je n'ai jamais été qu'un élève, je n'ai eu de professeurs que mathématiciens. Vivants, morts ou historiques, ils m'ont tout appris : une vue vive et rapide, l'élégance parfois, une pensée par rapport à laquelle toute autre paraît lente ou pesante, elle-même volant entre dix intuitions contre-intuitives ; plus une profondeur spécifique : derrière ou sous telle ou telle figure, telle ou telle démonstration, se cache une bête qui anime le paysage de lumière et de joie fulgurantes, dès qu'un sorcier surprenant la fait paraître ; enfin la réalité concrète de l'abstrait : nous ne pouvons rien à ces objets, qui jouissent d'une existence aussi forte et dense qu'un cèdre étalé, une étoile bleue, une femme capricieuse, une pierre taillée. Quoi de plus éblouissant que leur beauté ?

Je ne remercierai jamais assez mes enseignants exclusifs de m'avoir initié à leur temple d'évidences ensemencées d'obstacles infranchissables, de m'y avoir imposé une liberté dont on savoure les joies dans la nécessité, de m'avoir exposé à des extases sans pareilles. Les lignes qui suivent ne remboursent que pour petite partie cette dette de liesse.

Comme ce livre mêle découvreurs et historiens, le devoir me dicte de parler des deux. Pour dire d'abord, sans paradoxe ni exagération, que la meilleure des histoires se trouve dans les mathématiques elles-mêmes, non dans leur histoire, extérieurement à elles, mais dans leur propre développement.

Tentez, en effet, de mettre à jour ce qu'un citoyen d'Athènes, au Ve *siècle avant* J.-C., *pensait de ses dieux, de sa démocratie, des Perses ou de la drachme ; les meilleurs des érudits courent dix chances de s'y tromper, s'opposant d'autant plus entre eux qu'ils errent ou ne savent pas ; je pourrais en dire autant de n'importe quel moment rapproché du passé, y compris des guerres de ma jeunesse. À l'opposite, Platon cite Pythagore, et plus tard, Euclide, Eudoxe, dans des termes sur lesquels nous tombons d'accord à des siècles de distance. Par rapport au religieux, à la politique, monétaire ou civile, perte et bruit de fond tombent, là, au minimum. Je ne sais aucun autre exemple d'un tel court-circuit quasi parfait dans l'anamnèse.*

Citez, d'autre part, une forme de pensée, de culture ou de langue aussi longue, pérenne, invariante par variations, fédératrice des convictions, croissant à peu près continûment depuis trois millénaires, au moins à partir de la Grèce, et aussi constamment dynamique dans la découverte, bref, un chemin qui, tout interminable et bifurquant qu'il soit, n'a jamais manqué. Tant d'autres s'effondrent, stériles, à petit parcours !

Pour ne pas tomber dans le panneau « eurocentré », je ne méconnais pas les exploits des Chinois, Indous et autres Assyriens dans les aires opératoires ou algorithmiques. D'où la possibilité de généraliser : les mathématiques présentent le seul exemple d'une langue universelle. Chaque culture en produit ou en prend sa part, plus ou moins grande, mais totale dès lors que, même sans en avoir inventé des fragments, elle y accède. Numération, compte, déduction, démonstration, sinon intuition… voilà qui convainc tout sapiens.

Langue universelle pour les hommes, la voilà, de surcroît, universelle pour l'Univers. Platon le savait, Galilée le redit : le monde s'écrit en cette langue-là. Nous n'avons cessé de l'éprouver, nous n'entrons en lui qu'en déchiffrant cette langue, à cheval entre les hommes et le monde. Or nous apprenons aujourd'hui que la vie, elle aussi, se code d'elle, un peu. L'avenir lui appartient ; elle court envahir l'existant et le possible. Un démon me dit qu'elle et la musique remplissent la connaissance de justesse et de justice.

Pourtant, chaque grande découverte y réordonne son histoire. Faut-il alors, au contraire, conclure à sa relativité ?

Déjà, Platon disait que savoir ou apprendre demande à se souvenir ; il allait à la démonstration en même temps qu'à l'anamnèse. Plus tard, les préfaces des deux grands traités de Lagrange, Mécanique analytique *et* Théorie des fonctions analytiques, *résument le passé en redressant les trouvailles des grands prédécesseurs à la lumière des résultats présentés, récapitulant ainsi à la fois le savoir et la mémoire, comme* Les Éléments *d'Euclide le firent. Bourbaki*, plus récemment, ne cessa d'accompagner chacune de ses publications d'un chapitre de cette histoire en futur antérieur, à chaque invention reprise.*

À mon tour, je me souviens qu'en ces lieux mystiques je naquis avec le jeune esclave du Ménon, *séchant devant Socrate sur la diagonale du carré de côté 1, dont le maître demandait de dédoubler la surface : l'enfant, naïf, ne savait aligner que des chiffres. La philosophie à venir le tint pour sot, alors qu'il bégayait encore l'un de ces algorithmes dont le livre qui suit se remplit aussi à moitié. Si nous avions à récrire le dialogue de Platon, nous aurions, au contraire, pitié du Socrate géomètre, mal comprenant la puissance, prochaine et ancienne, du calcul.*

Né avant cette géométrie, de naissance grecque, dont se rengorgent, à juste raison, Platon et ses millions de successeurs, le calcul, l'opératoire, bref ce que nous appellerions aujourd'hui la pensée algorithmique, présente aussi bien en Chine qu'en Inde ou chez les Assyriens, n'apparaît, chez les Grecs, que dans l'algorithme d'Euclide, recouverte donc par le torrent génial des figures et de la démonstration. Cette pensée réémerge, çà et là, au milieu du courant majeur des mathématiques occidentales, par exemple au XVIIe *siècle, dans les découvertes de Leibniz ou de Pascal, dans leurs calculs des différences et des probabilités ou dans leur machine à calculer. Elle prend tant d'importance aujourd'hui, que, précisément, je suis en train d'en récrire l'histoire, en la redressant à nouveau, depuis ma naissance comme esclave moins naïf qu'il n'y paraît.*

Je reviens à Leibniz : il énonça, le premier, le principe de raison. Et comme il l'écrivit en latin, ratio, *sous sa plume, n'avait pas tout à fait le sens que nous donnons désormais à raison. Comme le* logos *grec, la* ratio *latine signifie, en effet, proportion, division ou fraction, bref, un certain type de calcul. Devant n'importe quelle question, Leibniz ne cessait de s'écrier :* « calculemus ! » *(calculons !) Il y aurait donc deux principes de raison : le premier prétendrait que tout est calculable ; et l'autre que, faute de calcul, il faut démontrer. Voilà deux voies ouvertes, aussi rationnelles l'une que l'autre : celle des vieux algorithmes, puissamment repris aujourd'hui dans nos programmes et machines, et celle de la mathématique telle que nous la pratiquons depuis la géométrie et la déduction grecques, autrement dit le chemin procédural et le chemin déclaratif. Les deux se côtoient dans le livre qui suit, l'un plus traditionnel, l'autre plus informatique. Comme, au lieu de se mépriser réciproquement, ils se mêlent désormais, faut-il soupçonner que, derrière ou sous leurs méthodes respectives, gît une bête qu'un sorcier surprenant fera paraître à notre prochaine joie ?*

En attendant ce jour improbable, une sorte de surprise nous attend au milieu de cette fourche. Sur l'une de ces deux voies, en effet, tout peut se prédire : dès que nous disposons d'un algorithme, les chemins et solutions qu'il ouvre deviennent prévisibles. Sur l'autre, au contraire, nul ne peut rien annoncer ; malgré les programmes géniaux ou les conjectures fines, qui peut dire qui démontrera ceci ou cela, quand il le fera, par quelle voie il y accèdera ou même quel résultat sera demain obtenu ou cherché ? Nous voilà donc en présence d'un dynamisme double : l'un plus réglé, l'algorithmique, l'autre imprévisible, l'avenir de notre tradition démonstrative.*

Surprise en effet : qui ne voit dans cet alliage étrange de hasard dans la nécessité, de machinisme et d'aléa, et sous une forme typiquement chaotique, l'allure pure d'un récit, mieux encore, la nature même de l'histoire ? Racontez : une bonne partie de la narration, vos auditeurs la prévoient aisément, comme suite en règle ordinaire des jours, mais le circonstanciel, mais les événements, mais les coups de théâtre intéressants… y restent imprédictibles.

Comment se fait-il que la voie nécessitante qui, depuis des millénaires, ne manque jamais, adopte l'allure d'une histoire libre et passionnante ?

Langue universelle des hommes ; langue universelle du monde et des humains devant l'Univers. Savions-nous, enfin, que, de manière contre-intuitive, les mathématiques, en leur cours transhistorique, modélisent, d'une manière précise et proprement inouïe – mais tout autrement que ce que j'en disais en commençant, puisqu'un récit mélange logique et surprise – modélisent, dis-je, ce que nous racontons, joliment, dans nos livres d'histoire aussi bien que dans nos contes pour adultes ou enfants ?

Tierce joie.

Michel Serres

Philosophe

Introduction

Dater l'apparition de la figure du mathématicien relève de la gageure. Le mathématicien, tel qu'on l'entend aujourd'hui et tel qu'il ressort des portraits de ce livre, est une invention récente. Sans doute peut-on dire que le métier en tant que corps constitué et organisé existe déjà dans le milieu du XIXe siècle. Quant à dire que Thalès, Pythagore, Archimède ou Euclide étaient des mathématiciens...

En réalité, nous savons peu de choses de ces savants. Nous disposons certes d'écrits mathématiques, très souvent repris par d'autres, mais les indications sur leurs vies et sur la manière dont ils pratiquaient les mathématiques sont inexistantes. S'il y avait certainement dans l'Antiquité des maîtres de mathématiques, dans le sens de personnes connaissant ce qui pour nous relève des mathématiques, les mathématiciens connus aujourd'hui pour leurs écrits avaient d'autres activités.

Dans l'Antiquité, des savants célèbres seront qualifiés de géomètres ou de mathématiciens, mais dans un sens assez vague et assez général. Parler de mathématiques ressort d'une approche culturelle globale qui n'exclut pas des « domaines spécialisés », mais n'implique pas non plus l'existence avérée d'un corps de spécialistes.

Autant la catégorie de sciences mathématiques commence à s'élaborer avec Aristote à l'époque classique, autant l'existence d'un milieu professionnel semble beaucoup plus tardive. Si l'existence de « mathématiciens » au sens d'un domaine professionnel défini est ainsi mal avérée, la création d'une figure philosophique et culturelle du mathématicien est documentée. Et la constitution de cette figure philosophique est primordiale car c'est elle qui servira de référence au Moyen Âge latin, dans le monde arabe et à la Renaissance.

Cette figure va se forger progressivement par des écrits postérieurs aux mathématiciens auxquels ils font référence. Trois figures distinctes émergent alors. D'abord, une figure littéraire créée dans l'Antiquité tardive : celle du mathématicien érigé en savant de dignité égale à celle d'un lettré, qui sert la cité à l'image d'un homme politique ou d'un artiste, tel Archimède, savant mais également architecte et conseiller du prince. Celle ensuite de l'astrologue (*matematicus* en latin), qui se rapproche le plus du milieu professionnel constitué, puisqu'il se livre à des procédures mathématiques permettant de déterminer la position des astres. Enfin, la figure de Pythagore, le mathématicien-philosophe, fabriquée au sein des écoles néoplatoniciennes afin d'inscrire les mathématiques dans un cursus de formation philosophique. Ce n'est que plus tard, en particulier dans le courant de la Renaissance, que ces différentes figures fusionneront pour donner naissance à l'ébauche du mathématicien moderne.

Le mythe du mathématicien

La figure littéraire du mathématicien se constitue entre l'époque impériale (Iᵉʳ et IIᵉ siècles de notre ère) et l'Antiquité tardive (qui commence au IIIᵉ siècle). Dans la préface du neuvième livre de son *De Architectura*, l'architecte romain Vitruve (Iᵉʳ siècle avant notre ère) exalte la figure de plusieurs savants, dont Platon, Pythagore et Archimède. Pour Platon, l'exemple donné est celui de la duplication du carré (comment tracer un carré dont l'aire est le double d'un carré donné), pour Pythagore, l'invention de l'équerre (triangle rectangle), et pour Archimède, on relate la célèbre anecdote du *eurêka* (j'ai trouvé). Le propos consiste à montrer que toutes ces trouvailles auraient dû valoir plus d'honneur et de reconnaissance à ces savants qu'à tous les généraux ou athlètes du monde, car elles témoignent d'un art d'invention et de connaissance de la part de ces grands personnages qui est bénéfique à l'humanité entière, même après leur mort. Ainsi, lorsque Vitruve nous raconte qu'Archimède s'est écrié « j'ai trouvé ! », il fait référence à cette notion cruciale de la production lettrée antique qu'est la notion d'invention. Cette description élève ces savants en figure d'égale dignité que celle des lettrés, dont le rôle principal est de participer à la vie de la cité et de contribuer à la vie de la culture ancienne. Plutarque (Ier siècle de notre ère) ne fait pas autre chose lorsqu'il relate la participation d'Archimède à la défense du siège de Syracuse. Là aussi, son récit glorifie les vertus d'Archimède comme ingénieur, comme homme pratique qui sert sa cité.

Vitruve, Plutarque ou même Cicéron – qui fait le récit de la découverte de la tombe d'Archimède avec cette fameuse épitaphe d'une sphère inscrite dans un cylindre – participent à la fabrication du mythe littéraire du mathématicien, fondé en partie sur des textes, mais qui s'inscrit surtout dans une culture lettrée. Rappelons encore que ces auteurs ont écrit ces récits souvent plusieurs siècles après la mort des savants dont ils exaltaient les vertus.

Les astrologues

À côté de cette figure littéraire apparaît vers le IIIe siècle avant notre ère la figure de mathématicien astrologue et astronome (les deux notions sont alors difficilement dissociables). C'est la première fois que l'on peut parler d'un corps professionnel de mathématiciens, un métier qui s'organise probablement à l'époque hellénistique (IIIe-IIe siècle avant notre ère, alors que la science grecque hérite de l'astronomie mésopotamienne) et qui prend une grande visibilité à l'époque impériale (dans les premiers siècles de notre ère). Le milieu professionnel des astrologues est caractérisé par une certaine éthique. Plus qu'une profession au sens technique du terme, c'est un art de vivre, une morale. Cette morale est d'autant plus forte que l'astrologue est supposé être capable de prévoir certaines conséquences sur la Terre de la position des astres et de comprendre par conséquent la mécanique céleste pour en anticiper les mouvements. Il incarne par là même un des idéaux philosophiques anciens : se rapprocher de la divinité.

Si les aspects pédagogiques sont difficiles à définir, le rôle des mathématiques chez les astrologues apparaît dans l'un des textes les plus connus de l'Antiquité, *L'Almageste*, daté du IIe siècle. Ptolémée y décrit les modèles permettant de rendre compte de la cinématique des astres – épicycles et orbites excentriques y sont décrits en détail –, mais sa préface atteste que son traité est d'abord un projet philosophique. Ce projet promeut au premier chef les mathématiques et en particulier les mathématiques vouées à l'étude des mouvements célestes comme un moyen de formation éthique. « Pour gagner une stature morale, faites des mathématiques », nous dit en quelque sorte Ptolémée. Il met même l'étude des mathématiques au-dessus de l'étude de la théologie : c'est la première chose à étudier lorsqu'on veut être cette « âme bien disposée » promue par l'idéal philosophique de l'astrologue.

L'arithmétique philosophique

Dernière figure du mathématicien qui apparaît à la lecture des textes de l'Antiquité : le mathématicien-philosophe. Cette figure que l'on trouve dans la littérature néopythagoricienne cherche à relier les mathématiques à l'être intelligible. Les mathématiques utilisées sont souvent très élémentaires quant au contenu, mais valorisées comme procédure de pensée.

Par exemple, dans l'établissement du calcul d'une suite arithmétique ou du parallèle que l'on peut faire entre deux suites arithmétiques il y a l'idée de développer une sensibilité à la découverte de propriétés arithmétiques qui va préfigurer la découverte de propriétés de l'être intelligible. Ainsi se développera plus tard dans le néoplatonisme tardif un courant qui fait des mathématiques un stade du cursus philosophique.

L'archétype de ce mathématicien-philosophe est Pythagore, figure fabriquée et refabriquée à l'intérieur des écoles philosophiques néopythagoriciennes, puis néoplatoniciennes. Cette tradition aura une postérité importante, puisqu'elle va fonder une arithmétique philosophique qui rentrera dans le cursus de la scolastique au Moyen Âge, le fameux *quadrivium*, l'ensemble des quatre sciences mathématiques : arithmétique, musique, géométrie et astronomie. Plus tard, elle influencera des mathématiciens de la Renaissance et jusqu'au XVIIe siècle. Un homme comme Leibniz (1646-1716), qui était avant tout philosophe, va s'intéresser de près à l'arithmétique, ce qui l'amènera à réfléchir aux différences infiniment petites et à introduire le calcul infinitésimal, qui a bouleversé l'approche mathématique à cette époque.

Ainsi, le mathématicien antique présente de multiples facettes, même si, en toile de fond, la culture lettrée antique lie ces figures.

La triple figure de la Renaissance

À la Renaissance, la révolution scientifique est en marche, mais on trouve encore beaucoup de statuts de mathématiciens différents. À côté de la figure du savant commentateur des textes classiques, présent dans les premières universités et dans les couvents, on trouve également des artisans (architectes, orfèvres, arpenteurs ou cartographes) dont les besoins en mathématiques sont tels que non seulement ils apprennent à se servir de cette discipline, mais ils écrivent également des manuels pour la transmettre.

Par exemple, Augustin Hirschvogel, peintre sur verre à Nuremberg, devient *mathematicus* de la ville de Vienne (cartographe officiel) et écrira un ouvrage de géométrie remarqué (*Geometrica*, 1543).

Enfin, troisième figure notable à cette époque : l'artiste mathématicien. Il se rapproche de la seconde catégorie dans le sens où ce sont souvent des peintres qui s'intéressent aux mathématiques nécessaires à la représentation de la nature dans leurs tableaux. Ce sera la géométrie et la perspective essentiellement, pour des artistes comme Piero della Francesca (vers 1412-1492), Albrecht Dürer (1471-1528) (qui était également orfèvre) ou Léonard de Vinci (1452-1519). Ces artistes sont perçus comme des savants parfois qualifiés d'« ingénieurs-mathématiciens ».

L'avènement des premiers enseignants

À partir du XVIe siècle, monarques et princes se mettent à protéger les savants. Ce système de mécénat fait beaucoup pour les sciences. François Viète (1540-1603), fondateur de l'algèbre* moderne, était ainsi conseiller des rois Henri III et Henri IV pour le compte desquels il déchiffrait les messages secrets. Galilée (1564-1642) et son élève Vincenzo Viviani (1622-1703) étaient mathématiciens de cour au service des Médicis. Ce phénomène a duré puisque Leibniz, à la fin du XVIIe siècle, dépendait du duc de Hanovre.

Parallèlement à ce système de mécénat, on voit apparaître des enseignements de mathématiques. Dans l'Italie du XVe siècle, des chaires de professeurs de mathématiques sont créées dans les universités naissantes. Au Collège royal (aujourd'hui Collège de France), créé par François Ier en 1530, il y a dès le début une chaire de mathématiques. Les mathématiques commencent également à être enseignées dans les collèges jésuites puis dans d'autres collèges. Pierre Varignon (1654-1722) est le premier professeur de mathématiques dans un collège non jésuite : le collège Mazarin.

En France, dès 1635, le père Marin Mersenne (1588-1648) réunit des savants avec l'idée d'organiser un travail scientifique collectif en une *Academia parisiensis*, prémices à l'Académie des sciences qui démarrera officiellement en 1666 sous l'égide de Jean-Baptiste Colbert (1619-1683). Cette reconnaissance et cette institutionnalisation aide également à la professionnalisation du métier de mathématicien. Apparaissent alors les premiers savants qui ne font que de la recherche. C'est le début d'un âge d'or qui culmine au XVIIIe siècle avec des mathématiciens tels ceux de la famille Bernoulli et Leonhard Euler (1707-1783) en Suisse, Carl Friedrich Gauss (1777-1855) en Allemagne ou Joseph-Louis Lagrange (1736-1813) en France.

Le mouvement s'accélère au XIXe siècle lorsque se créent, surtout dans les grandes universités allemandes telles Göttingen ou Berlin, des centres de mathématiques qui associent enseignement et recherche. Séminaires et premiers congrès internationaux, où les mathématiciens échangent sur leurs travaux, accompagnent cette émergence d'un monde mathématique organisé semblable à celui qui prévaut aujourd'hui. Au XXe siècle, la recherche mathématique n'est plus localisée dans un pays : les mathématiciens voyagent. La communauté mathématique devient internationale et les échanges et les rencontres deviennent courants. L'importance de ces échanges ne s'est jamais démentie et transparaît d'ailleurs dans plusieurs témoignages réunis dans ce livre. Le XXe siècle est aussi celui de la multiplication du nombre de mathématiciens : de quelques centaines au XIXe siècle, on en recense environ cent mille dans le monde aujourd'hui.

Le métier de mathématicien

Mais qu'est-ce qu'un mathématicien aujourd'hui ? Si cerner l'apparition de la figure paternelle se révélait une opération délicate, savoir ce qu'est un mathématicien à l'heure actuelle n'est pas beaucoup plus facile. Dans les années 1980, Jean Dieudonné (1906-1992) définissait un mathématicien comme « quelqu'un qui a démontré au moins un théorème non trivial ». Plus restrictive, l'Union mathématique internationale considère qu'un mathématicien est une personne qui a publié dans les quatre dernières années au moins deux articles référencés dans les trois grandes bases de données bibliographiques (ZentralBlatt fürtabon Mathematik, Mathematical Reviews et Referatnyi Zhurnal).

Si l'on se réfère à une définition opérationnelle – ceux qui sont payés pour faire des mathématiques – on compte en France environ quatre mille mathématiciens qui travaillent dans le secteur académique. Sur ce nombre, seulement 10 % sont employés par des organismes de recherche publics, au premier rang desquels le CNRS (Centre national de la recherche scientifique), l'INRIA (Institut national de recherche en informatique et automatique), l'INSEE (Institut national de la statistique et des études économiques) et l'ENSAE (École nationale de la statistique et de l'administration économique). La plupart des mathématiciens sont enseignants-chercheurs (maîtres de conférence, professeurs) dans les établissements d'enseignement supérieur. C'est une particularité de cette discipline qu'on ne retrouve pas en physique par exemple, où la répartition entre chercheurs à plein temps et enseignants-chercheurs est relativement égale.

Pour autant, les mathématiciens n'évoluent pas seulement au sein du monde académique. Certains travaillent dans les assurances, les banques, les industries de haute technologie et les entreprises pharmaceutiques. Combien sont-ils ? Difficile à dire, en l'absence de recensement systématique.

Une surreprésentation française

La France occupe une place privilégiée dans le paysage mondial des mathématiques. La part des publications françaises dans tourne depuis plusieurs années autour de 7 % des publications mondiales, ce qui en fait la discipline scientifique la plus représentée. Non qu'il y ait plus de mathématiciens qu'ailleurs, mais parce que l'école mathématique française a su jusqu'ici préserver son excellence. Une excellence qui a une longue tradition, impulsée sans doute par le groupe Bourbaki*, formé en France dans les années 1930 et dont l'influence a été sensible jusque dans les années 1980.

S'il n'y a pas de prix Nobel de mathématiques – peut-être en raison d'une inimitié entre Alfred Nobel et Gösta Mittag-Leffler, un mathématicien suédois du début du siècle – il existe une distinction honorifique de prestige équivalent, la médaille Fields*, attribuée tous les quatre ans à des mathématiciens de moins de 40 ans. L'excellence française se traduit par un nombre impressionnant de médailles Fields : onze depuis sa création en 1936, ce qui la place à rang presque égal avec les États-Unis, qui comptent pourtant quatre fois plus de mathématiciens que la France. Tous les indicateurs s'accordent à la mettre au second rang de la hiérarchie mondiale des mathématiques.

Quelles sont les raisons de ce succès ? Sans doute un système de détection efficace qui passe par les classes préparatoires aux grandes écoles : dans son principe, la recherche de la solution d'un problème de mathématiques que l'on pose dans ces classes n'est pas très différente du travail de recherche, si l'on excepte la durée et l'incertitude lorsqu'on est face à un problème qui n'a encore jamais été résolu. Et de fait, la majorité des mathématiciens interrogés dans ce livre sont passés par des classes préparatoires et ont poursuivi par les écoles normales supérieures. Ces écoles ont subi une restructuration dans les années 1980, qui a abouti à la mixité et à un déménagement à Lyon. Aujourd'hui, il y a l'École normale supérieure, située rue d'Ulm à Paris, fruit de la fusion de l'École normale supérieure de garçons de la rue d'Ulm et de l'École normale supérieure de jeunes filles de Sèvres, et l'École normale supérieure de Lyon, issue de la fusion des écoles de Saint-Cloud (garçons) et de Fontenay-aux-Roses (filles).

Les conséquences de cette mixité ont été redoutables sur le nombre de jeunes filles poursuivant des études supérieures de mathématiques : il y en a de moins en moins. Alors que les filles ont un parcours scolaire en moyenne plus performant que celui des garçons, peu d'entre elles s'engagent dans les filières scientifiques et techniques et encore moins en mathématiques. La mixité n'est pas la seule cause, les raisons sont multiples et mettent en jeu l'orientation, le choix des familles, l'image de la profession et les représentations culturelles. Les mathématiques étaient déjà une discipline peu féminisée (moins de 5 % de femmes contre 20 % en physique) et la situation est en train d'empirer.

Plus généralement, les études scientifiques et les études de mathématiques n'ont pas la côte auprès des étudiants actuels. Cette crise des vocations est un véritable défi pour les mathématiciens : si la source se tarit, plus question de maintenir la recherche en mathématiques à son niveau actuel. Or, dans une société qui s'appuie de plus en plus sur la science et la technologie, où les besoins en mathématiques augmentent (analyse* prévisionnelle, statistique, simulation, algorithme), l'enseignement des mathématiques doit se maintenir à un bon niveau. De manière générale, les mathématiciens interrogés sont optimistes, mais restent vigilants.

Portraits de mathématiciens

Parmi les mathématiciens invités à s'exprimer dans cet ouvrage, rares sont ceux qui ont eu une vocation précoce. La question de s'orienter entre un cursus scientifique ou littéraire s'est même posée pour plusieurs d'entre eux, ce qui dénote des intérêts multiples. Des intérêts qui se retrouvent parfois plus tard lorsque certains parviennent à marier une passion pour la littérature ou pour l'histoire avec les mathématiques. La curiosité paraît un moteur important du travail de recherche, mais aussi la persévérance – qui permet de s'accrocher à un problème qui résiste durant de longs mois – et les rencontres, qui sont des éléments d'échange importants.

Malgré la diversité des portraits présentés, l'"échantillon" de mathématiciens présenté ici est tout sauf représentatif. S'il y a certaines constantes – rigueur et curiosité étant sans doute les principales – la pratique du métier est d'une grande variété. Une diversité qui ira en s'amplifiant pour répondre aux besoins de plus en plus pressants de toutes les sciences, qu'il s'agisse de la physique, de la sécurité de l'information, de la biologie, de la météorologie ou des sciences de la Terre. Consciente des difficultés actuelles, tant au niveau de l'enseignement que de la recherche, la communauté mathématique se mobilise afin de redonner des perspectives de développement à cette belle discipline. Puisse la lecture de ces quelques témoignages y contribuer.

1.

Stella Baruk

Lutter contre l'échec scolaire, telle pourrait être sa devise depuis plus de quarante années. La raison d'être des erreurs l'amène à analyser tout à la fois les obstacles qui empêchent les élèves d'accéder au sens et les composantes nécessaires à la construction de ce sens.

1947

Baccalauréat à Beyrouth (Liban)

1952

Licence de mathématiques à Beyrouth

1953

Arrivée en France et
début de l'enseignement des mathématiques

1973

Premier livre : Échec et Maths

1992

Publication du
Dictionnaire de mathématiques élémentaires

2008

Publication de Pour une intelligence du nombre

La vocation

« À Alep, en Syrie, dans les écoles de l'Alliance israélite universelle où avaient été nommés mes parents enseignants à la fin des années 1930, les programmes étaient rigoureusement ceux de la France. Celui de "calcul" – prix de vente, bénéfices, pourcentages, titres de vins ou de métaux dans les alliages – destiné à des enfants vus comme des "adultes en réduction" m'ennuyait à mourir. Heureusement, il y avait tout le reste. À 9 ans et demi, j'obtenais le certificat d'études primaires ; au prétexte que l'école m'empêchait de grandir, j'étais vraiment minuscule, mes parents m'en ont privée pendant une année complète.

L'année 1941 marque le début des "événements" de Syrie. Les écoles françaises ayant fermé, on m'envoie à Beyrouth chez les sœurs Saint-Joseph de l'Apparition. C'est là, en classe de quatrième, que je découvre les "vraies" mathématiques, les problèmes à résoudre par l'algèbre*, la recherche de lieux géométriques... Je crois que j'aurais de toute façon aimé cette matière qui amenait à chercher, à se "bagarrer" – avec soi-même – pour trouver. Mais il y avait, pour nous initier à tout cela, sœur Tarcisia ! Petite, d'immenses yeux noirs dont le regard vous transperçait, maniant l'ironie avec virtuosité, elle était le professeur classique de mathématiques. Le moindre exercice devenait un défi, vous mettant en compétition avec les autres, vous confrontant à l'idée qu'elle se ferait de vous.

Après le collège, ce fut le lycée français de Beyrouth. La classe de seconde était mixte et l'atmosphère en contraste total avec celle du pensionnat. En première, nous avions de merveilleux professeurs ; notre enseignant de français, inoubliable intercesseur de textes, des plus anodins aux plus sublimes. Quant à M. Leroux, malice et rondeur, ses mathématiques coulaient de source, prolongeaient et confirmaient l'intérêt qu'elles avaient suscité au collège. »

Le cursus

« Les années de lycée ont été passionnantes. Se lever le matin pour aller en classe était un vrai bonheur. En première, il a fallu choisir entre trois filières pour la terminale : philosophie, sciences expérimentales, mathématiques élémentaires. Choix difficile, car les trois m'auraient convenu. D'une part, la littérature me réussissait ; d'autre part, passionnée par les processus de la pensée, j'avais même imaginé me diriger vers la psychiatrie ; mais à l'époque, pas question pour une fille. Il y avait aussi la musique, commencée très tôt, où l'on me disait douée. Mais là encore, pas question : il fallait s'assurer un métier solide et, plus tard, on verrait. Pour mes parents, il était évident que j'étais destinée à l'enseignement. Ils étaient instituteurs, je serai professeur. De quoi ? En mathématiques, nous étions quelques très bons élèves, dont trois filles ; et étant donné que les professeurs de mathématiques de sexe féminin étaient, à l'époque, plus rares qu'ailleurs, et que M. Leroux poussait fermement les trois filles "bonnes en math" à faire "math élém", ce fut donc "math élém".

En terminale, nous passions le plus clair de notre temps à faire des mathématiques, y compris pendant les cours de philosophie, dont le programme – logique et morale – ne nous passionnait guère. En revanche, M. Rivière, notre professeur de mathématiques, nous subjuguait. Son cours tenait en quelques notes griffonnées sur une boîte d'allumettes et il en tirait une matière qu'il développait avec une élégance suprême. Ses réponses aux objections, voire aux incompréhensions, auxquelles nous avions droit, tombaient de haut, souvent teintées d'ironie, mais supportables. Au-delà, cela aurait voulu dire que nous n'étions pas "faits" pour cette classe-là. En début d'année, comme pour une entrée en religion, il disait : "Il est encore temps de traverser le mur." Le mur – qui nous séparait des "sciences ex" – fut effectivement traversé par quelques uns, effrayés par ce que l'on semblait attendre d'eux.

La diversité des matières – algèbre, analyse*, géométries plane et dans l'espace, trigonométrie et cosmographie –, leurs domaines spécifiques, mais aussi leur cohérence profonde, la façon dont la pensée "jouait" avec l'intuition, la logique, le désir de régularité, la mémoire, le bonheur austère de chercher et celui enthousiasmant de trouver constituaient un univers intellectuel des plus séduisants. Et comme le seul fait de dire que nous faisions des mathématiques rendait le reste du monde admiratif, l'impression d'appartenir à une aristocratie de la connaissance vint parachever le tout.

Continuer dans la même direction ? Ce fut oui. Recherche, ou bien, fascinée depuis toujours par le ciel et les étoiles, astrophysique ? J'ai donc commencé des études de licence de mathématiques au Centre d'études mathématiques de Beyrouth. Les deux premières années furent passionnantes : certificats de mathématiques générales et de calcul différentiel et intégral, ainsi qu'une première année de physique générale. Nous avions des enseignants remarquables. M. Lefèvre, grosses lunettes cachant sa bonhomie malicieuse, s'amusant de nos bévues, M. Dumont, à la placidité redoutable, à l'ironie cinglante. La troisième année fut moins enthousiasmante : la deuxième partie du certificat de physique générale m'apprit que je ne serais pas physicienne ; quant au certificat de mécanique rationnelle, ce fut la grosse déception : un cours parfaitement construit mettait sous nos yeux des tableaux qui se remplissaient de signes sans âme, que le professeur lisait à mesure qu'ils s'écrivaient, rendant les paroles inutiles.

Repensant à la musique, me disant que le seul pays où je pourrais vivre selon mon cœur était la France, le pays de la langue que je parlais, je suis donc partie pour Paris. Mais partie sans l'accord de mes parents. Seule à Paris au milieu des années 1950, il a bien fallu que je gagne ma vie, j'ai donc commencé à enseigner les mathématiques. »

L'apport aux mathématiques

Une relation privilégiée avec les élèves

« En 1957, une proposition singulière m'est faite par M. Manier, directeur de plusieurs écoles à Paris. M'ayant antérieurement confié des classes de collège et voyant que cela marchait bien, il me propose de m'occuper entièrement d'une classe de CM2 constituée d'enfants supposés caractériels. Avec, toujours, l'amour d'un défi à relever et cette passion de la pédagogie que j'avais apparemment sucée avec le lait – je me revois encore avec mes parents, eux corrigeant des copies et les commentant le soir sous la lampe, moi auprès d'eux faisant mes devoirs –, j'ai accepté.

Je me suis donc retrouvée à temps plein avec ces élèves déscolarisés, ne pouvant tenir dans des classes ordinaires. Pour les mathématiques et aussi pour le français, matières aimées, tout allait de soi. Mais quand je pense qu'il a fallu que je leur enseigne également l'histoire romaine, les sciences naturelles, la géographie ! Rétrospectivement, je me dis que c'était une folie. Or, cette folie s'articulait autour de ce que je sais être aujourd'hui le moteur de tout mon travail de pédagogue : le refus de l'inaptitude intellectuelle supposée et le refus de la mise à l'écart d'un enfant de tout avenir scolaire et intellectuel sous quelque prétexte que ce soit. Je crois me souvenir que déjà, au bout de quelque temps, ils ne craignaient plus de répondre ; invités à faire des "exposés" sur ce qui les intéressait en propre ; invités aussi à exprimer idées, avis et revendications dans une boîte aux lettres ; toutes ces choses étaient nouvelles pour eux... Souvent, le directeur entrait inopinément dans cette classe où il s'étonnait de ne pas entendre un bruit. Les parents stupéfaits venaient me voir en me demandant comment j'avais réussi à faire travailler leurs enfants.

Au bout de cette année extraordinaire, je voulus revenir à ma spécialité. J'ai alors mis un CV dans la revue du syndicat des enseignants du second degré. Rapidement, j'ai reçu une demande d'un abbé qui montait un institut médico-pédagogique à Vernon, dans l'Eure. La double casquette professeur de mathématiques et prise en charge d'enfants en difficulté l'intéressait.

L'abbé Pierre Marlé (1923-2001), créateur de ce centre, était très en avance sur son temps. C'était une personnalité extraordinaire, cultivant un idéal humaniste et éducatif. Il m'avait confié les cours des classes de cinquième, quatrième et troisième et proposé de prendre à part les élèves qui auraient du mal à suivre. C'est alors que se produisit pour la première fois un événement inaugural de ce qui se passera par la suite. Après un cours sur les racines carrées en troisième, un élève vint me voir pour me dire qu'il y avait quelque chose qu'il n'avait pas compris. Blessure narcissique : comment pouvait-il ne pas avoir compris ce cours préparé au millimètre ? Munie d'une pédagogie "infaillible", je n'imaginais pas que l'on puisse passer au travers. Mais quand, de plus, il me dit ce qu'il n'avait pas compris, ce fut la stupéfaction : c'était une chose que je n'avais jamais dite.

C'est là que la suite s'est définitivement nouée. Au lieu de penser qu'il était "littéraire" de chercher des "explications" de type psychologique ou psychanalytique, alors fort à la mode, je me suis demandée pourquoi il avait entendu ce qu'il avait entendu. »

L'analyse du sens

« Une investigation permanente a commencé. Alors que jusque-là j'enseignais de façon classique – cours clair, bien construit, progression raffinée, etc. –, j'ai recherché les raisons de l'incompréhension d'un cours, fût-il "bien fait", et les moyens d'obtenir le contraire, c'est-à-dire d'en transmettre le sens. Cette exploration de voies nouvelles fut "testée" dans des classes de première et de terminale à Paris, en école privée où je disposais d'une relative liberté, et s'avéra féconde.

Au début des années 1960, ayant arrêté d'enseigner pendant quelques années après la naissance de mes enfants, j'ai commencé – et jamais plus arrêté – à recevoir des élèves en cours particuliers. Ce fut précieux, car une fois lancée dans ce type d'interrogations et, littéralement, de réflexions – pourquoi telle réponse, qu'est-ce qui l'a induite ? – j'avais la chance de disposer d'une sorte de laboratoire permettant d'examiner à la loupe le cheminement mental des élèves. Pouvoir, du fait de leur présence, démêler les raisons d'une réponse, juste ou fausse, m'a apporté bien des surprises, voire des émerveillements devant la variété des "assemblages mentaux" défiant la rationalité ordinaire. À partir de ce capital précieux, j'ai rempli des cahiers de notes, d'observations bien utiles car les réponses supposées absurdes ou extravagantes s'oublient. Mais assez rapidement, aucun comportement face à une question posée ne m'a paru absurde, horrible, délirant, anormal. Les erreurs, puisque c'est d'elles qu'il s'agit, sont devenues de précieux auxiliaires d'analyse de la matière mathématique et de la manière dont on l'enseignait. C'est pourquoi aujourd'hui, quand il s'agit d'erreurs "fraîches", c'est-à-dire correspondant à un nouveau cours, de nouvelles notions, je ne les considère même pas comme des erreurs, mais comme la réaction normale d'un cerveau dans lequel on injecte des mathématiques. »

La « théorisation » par les livres

« Alors que j'avais repris mes enseignements, il se produisit à la fin des années 1960 le séisme généralement désigné par "réforme des mathématiques modernes". Les instituts de recherche sur l'enseignement des mathématiques (IREM), créés à la même époque, étaient censés former et accompagner les enseignants. Mais cela n'était pas suffisant et les demandes de formation étaient considérables. On me proposa dans plusieurs écoles, ainsi qu'à Vernon, d'initier les enseignants aux mathématiques modernes. Mais peut-être se souvient-on de la violence que cette réforme, assez rapidement, déclencha, des peurs qu'elle engendra et de la façon dont au bout de quelques années elle se fracassa. Pourtant, si l'on regarde les exposés d'intention et certaines de ses innovations, elle avait de bons côtés.

En cette époque extrêmement troublée, lors d'une conversation avec une amie éditrice aux Éditions du Seuil, je lui dis que la réforme, dont elle ne savait que penser, ne résoudrait rien. Du "cancre" ancien à l'"élève en difficulté" moderne les raisons étaient les mêmes et ne tenaient selon moi que de façon anecdotique à la "sorte" de mathématiques enseignée. Pourquoi, me dit-elle, n'écrirais-tu pas ce que tu as à dire de cette situation ? Commencé en 1970, ce fut *Échec et Maths* qui parut en 1973. En couverture, un devoir d'élève ; dans le corps du livre, des centaines d'exemples analysés – autant de "modernes" que de traditionnels – pour tenter de montrer que ces productions ne naissaient pas de la seule initiative des élèves, mais procédaient du "tissage" de nombreuses composantes : spécificité de la matière, conceptions qu'en avaient l'institution et les enseignants, poids de la tradition, des idées reçues… D'où la nécessité de remettre bien des choses en question…

Son retentissement fut considérable. En plein cyclone, il trouva de très nombreux lecteurs. Des enseignants – ceux que ce livre irrita et ceux qui me donnèrent raison – et puis tous ceux, en nombre incroyable, qui souffraient ou avaient souffert par les mathématiques. Comme ce jeune homme qui sonna à ma porte, tout ému, en répétant "je suis l'*automathe*, je suis l'*automathe*…", reprenant le néologisme que j'avais forgé pour décrire ces élèves qui écrivent des pages entières de manière automatique, sans rien y comprendre. Il s'agissait d'un journaliste bien connu qui avait vécu cette déception des mathématiques. Je rencontre encore des gens qui me disent avoir pu poser un autre regard sur eux-mêmes, sur leur supposée inaptitude en mathématiques et qui me remercient avec émotion de l'avoir écrit. Mais il ne m'a pas apporté que des amis. »

Les actions

« Du fait que son écriture la rendait accessible à ce qu'on nomme le "grand public", la tentative d'expliquer l'échec des élèves et en quoi il n'était en rien inéluctable me valut courriers, émissions de radio, interviews et articles dans les grands médias en tel nombre que je me rendis compte à quel point avec ce livre je touchais à quelque chose de puissant, de vaste et de lourd. Il mobilisa l'enseignement tant "normal", de l'école à l'université, que spécialisé, mais aussi des psychanalystes, pédagogues, orthophonistes, médecins, du personnel des hôpitaux de jour, des membres d'associations pour la formation d'adultes…

Coiffée du statut de "spécialiste" de l'échec en mathématiques, j'ai voulu "tout" en savoir et "démontrer" qu'on pouvait toujours en venir à bout. J'ai donc accepté des missions de formation auprès de populations si variées, si hétérogènes, dans tant de lieux différents, de pays différents, que mon expérience s'étoffant, j'ai continué à écrire. Notamment *L'Âge du capitaine*, au sous-titre éloquent : *De l'erreur en mathématiques*. Douze ans après *Échec et Maths*, la réflexion s'était encore plus centrée sur les erreurs et leurs raisons d'être, sur l'histoire et ce qu'elle apportait comme éclairage épistémologique, sur la construction pyramidale de l'enseignement et ce qu'il fallait en tirer. Le retentissement de ce qu'on disait être une "analyse complètement nouvelle" du fonctionnement mental des élèves en mathématiques fut, là aussi, considérable.

En particulier apparaissait l'importance de l'école, sur laquelle tout le monde s'accorde, mais dont on ne semble pas voir à quel point ses archaïsmes compromettent l'avenir mathématique des élèves, malgré le travail formidable des enseignants. J'ai donc mené, grâce à une inspectrice, Mme Tisseyre, qui me l'avait proposée, une expérience/recherche en classes de CP et de CE1, de septembre 1993 à juin 1995, dans une ZEP du 11e arrondissement de Paris avec des enseignantes volontaires ; puis, soutenue par l'INRP (Institut national de recherche pédagogique), une autre expérience intitulée "Pour une révolution douce" dans des écoles du 14e arrondissement. Une monographie en rendant compte est consultable sur le site de l'INRP[1].

Les deux volumes de *Comptes pour petits et grands*, publiés en 1997 et en 2003, relatent ces expériences et proposent une autre manière d'aborder une matière elle-même réorganisée par ces expériences qui ont donc fait leurs preuves. J'ai le grand bonheur, aujourd'hui, de recevoir de plus en plus de témoignages d'enseignants qui se "lancent" dans ce qu'ils appellent "la méthode Baruk", dont ils me disent qu'elle fait indiscutablement reculer les échecs. Il me paraît d'autant plus regrettable que l'institution n'en comprenne pas l'intérêt, alors que les enseignants constatent de plus en plus l'échec des méthodes traditionnelles.

C'est en effet dès l'école que se constitue l'*automathe*. À trente années de distance d'*Échec et Maths*, un nouveau livre en analyse la genèse et l'"épanouissement", livre dont le titre m'a été fourni par une anecdote que raconta lors d'un colloque Laurent Schwartz. Invité à rencontrer les élèves de première d'un grand lycée parisien, cet éminent mathématicien donne à résoudre une équation du second degré. Les élèves calculent le fameux delta – le discriminant – et trouvent correctement 7. Tout le monde est très content, y compris le professeur. Puis Laurent Schwartz s'aperçoit avec stupéfaction que la moitié de la classe entame une "discussion" : "Si 7 < 0, pas de racine ; si 7 = 0 une racine double…" "Vous rendez-vous compte" dit-il, s'adressant à moi. "C'est ébouriffant, comment peut-on écrire "si 7 = 0" ? C'est l'*automathe*, c'est celui qui trouve l'âge du capitaine : une réponse est donnée, peu importe qu'elle n'ait aucun sens."

Intitulé *Si 7 = 0. Quelles mathématiques pour l'école ?*, mon livre analyse donc ce renoncement au sens qui est toujours le drame de la pratique scolaire des

[1] www.inrp.fr/primaire/monographies/baruk.htm.

mathématiques. Il se termine pourtant sur un "plaidoyer pour une école première" tant il apparaît de façon éclatante que l'essentiel du devenir mathématique d'un sujet se constitue dès le CP. »

La prise en compte de la langue

« Très vite, l'analyse des erreurs avait mis en évidence l'importance de la langue. Qui ne comprend pas les mots d'un énoncé de mathématiques n'ira pas loin. J'ai souvent raconté comment un élève - dont on m'avait dit que j'étais "sa dernière chance" - avait, après un premier cours, tenté d'aborder seul un problème de géométrie dont le "vocabulaire" le terrorisait. Se souvenant du genre de questions que je lui avais posées, face à l'énoncé "soit un triangle et son orthocentre H..." il a eu l'idée de prendre son petit Larousse et de chercher le sens d'orthocentre, qui l'a renvoyé à hauteur, puis à perpendiculaire... Ainsi, petit à petit, il est parvenu à faire la figure qu'il m'exhiba comme un trophée lors du cours suivant.

C'est un drôle de cadeau qu'il m'avait fait là, car l'idée a cheminé dans mon esprit. Six mois plus tard, je me suis dit qu'un dictionnaire de mathématiques pourrait être aussi utile qu'un dictionnaire d'anglais ou de russe. Je propose cette idée aux Éditions du Seuil. Les éditeurs me prennent au mot. J'annonce deux années pour le faire, il en a fallu quatorze, dont les quatre dernières furent un enfermement quasi total. Il y avait tout à découvrir : la langue, la manière d'exposer la matière, les renvois, les recherches historiques.

Depuis la sortie de ce dictionnaire en 1992, je continue à me battre pour que ce barrage de la langue soit pris en compte. Comme il se met en place très tôt, j'ai fait un second dictionnaire, le *Dico de mathématiques* sorti en 2008, destiné aux grands écoliers et jeunes collégiens. Il faut savoir que si une bonne compréhension de la langue n'est pas suffisante pour réussir en mathématiques, elle est en revanche inéluctablement nécessaire. »

Stella Baruk

Ne jamais perdre de vue le sens de ce que l'on fait

« Comment redonner du sens aux mathématiques ? En sachant que "faire des mathématiques" c'est devoir "se prendre la tête", mais avec des outils de pensée et des bénéfices intellectuels qui font leur succès depuis trois mille ans ; en énonçant dans une langue parlée et néanmoins rigoureuse des concepts – définitions, propriétés, théorèmes ; en justifiant des méthodes et procédures de recherche par une argumentation ou une démonstration convaincantes ; en n'acceptant nul automatisme qui n'ait été justifié. En bref, donner du sens c'est connaître des mathématiques ce qu'elles devraient renvoyer dans le premier temps de leur existence scolaire, l'"évidence" de conclusions que la nature de leurs objets – nombres et figures – et leur logique assortie de "longues chaînes de raisons" rend possible, le tout dès le CP.
La seule composante qui peut détourner du sens, ou le favoriser, qui peut donc être la pire ou la meilleure, c'est, telle celle d'Esope, la langue ; l'avoir comme souci premier dans tout acte d'enseignement, en faire une langue vivante. Se souvenir qu'on ne voit pas ce qu'on ne sait pas nommer.
Cela commence dès le CP par la langue des nombres : lors des expérimentations menées en CP et CE1 à Paris, nous avons obtenu des résultats incroyables. Quand on comprendra que c'est dès le CP que les enfants sont capables d'analyses supposées abstraites – distinguer "nombre" et "nombre de ...", ce qui s'entend ou non dans ce qui s'écrit, différencier les organisations différentes de 5 × 3 et 3 × 5, etc. –, on abandonnera peut-être les lourds archaïsmes qui freinent l'école et compromettent le travail des enseignants, présent et futur. »

Les figures marquantes

« À part mes professeurs, ce seront surtout des grands mathématiciens du passé auxquels je pense avec admiration ; en particulier, les figures si importantes – et pas assez connues – de François Viète (1540-1603), car on lui doit l'introduction de l'écriture littérale, et de Nicole Oresme (vers 1325-1382), grand créateur de mots.

Dans les contemporains, j'ai eu l'occasion de rencontrer Gustave Choquet (1915-2006), grande figure des mathématiques françaises et personnalité très attachante. Il avait présidé dans les années 1950 une commission internationale sur l'enseignement des mathématiques qui l'intéressait particulièrement. C'est dire si je me suis sentie honorée quand il m'a dit avoir lu *Échec et Maths* et être, sur nombre de points, d'accord avec moi. Lorsqu'en 1992 est sorti le *Dictionnaire de mathématiques élémentaires* il s'y est intéressé et m'a envoyé une "recension" minutieuse – et très positive – de plusieurs articles. Nous avons alors échangé une correspondance sur certaines questions qui m'importaient, qui m'a soutenue à des moments difficiles.

S'il est une rencontre qui fut une grande chance pour moi, c'est celle d'un physicien, Jean-Marc Lévy-Leblond. Il arriva aux Éditions du Seuil l'année même où je commençais l'écriture d'*Échec et Maths*. Alors que d'autres éditeurs apprenant que je préparais un livre sur ce sujet me sollicitaient en souhaitant que je fasse état du "refus de la loi du père", ou des ravages des "maths modernes", Jean-Marc Lévy-Leblond fut tout de suite passionné par ces analyses au microscope menant parfois à débusquer un simple signe compris autrement par l'élève ou à tel ou tel mot détourné, non sans dommage, de son sens quotidien, toutes choses dont je ne suis pas sûre qu'elles auraient retenu l'intérêt de scientifiques "traditionnels". Très vite, je bénéficiai de son attention, de son intérêt pour la pédagogie, bientôt de son amitié, qui accompagnèrent l'écriture de ce premier livre et par la suite de tous les autres ; me signalant divers articles ou parutions pouvant m'intéresser selon l'ouvrage en cours, discutant ou approuvant tel ou tel point de vue dans de constants échanges toujours enrichissants. À partir de sa considérable culture d'une rare diversité – les sciences, la philosophie, les arts – et de sa curiosité universelle, il a dirigé et constitué une très riche collection qui porte bien le nom de "science ouverte", à laquelle je suis heureuse d'avoir pu apporter plusieurs ouvrages, y compris celui auquel je travaille aujourd'hui, mêlant recherche et pédagogie. »

Le Coq d'or (1909), Nikolaï Rimsky-Korsakov

« Cet opéra est une pure merveille de musique étincelante à partir d'un conte de Pouchkine. Le vieux tsar Dodon préfère dormir plutôt que faire la guerre. Un astrologue lui offre un coq d'or qui préviendra du danger. Dès lors, c'est le coq qui gouverne. La guerre survenant, le tsar perd ses deux fils, tombe sous le charme de la mystérieuse reine Chemakha et se ridiculise en cédant à toutes ses exigences. L'astrologue réclamant comme récompense la reine, le tsar le tue, mais est tué par le coq. On apprend ensuite par l'astrologue ressuscité que tout cela n'était qu'un conte.

Un conte, justement, comme lorsqu'on est petit(e)... Une écriture vocale et orchestrale somptueuses font passer du fantastique au comique, de la sensualité à la cruauté, de l'humour à la satire corrosive, laquelle empêcha l'œuvre d'être jouée du vivant de l'auteur. Le chatoiement des timbres, les caractérisations captivantes des personnages par des thèmes comme celui, célèbre, de "L'hymne au soleil", la partition virtuose font de cet opéra, quand il est bien représenté, un bonheur des yeux et des oreilles difficilement égalable. Igor Stravinski, élève de Rimsky-Korsakov, dû s'en souvenir dans son premier opéra, *Le Rossignol*. »

Regard sur la discipline

« Voici quatre décennies que je vois l'enseignement des mathématiques se débattre dans des combats perdus d'avance, car plutôt que de procéder à de vraies analyses des échecs, l'institution, dans une constante fuite en avant accompagnée sur le papier d'excellentes intentions, a mené élèves et professeurs à une situation devenue critique. Il y a eu les mathématiques modernes et avec la même conviction, aujourd'hui, sous prétexte de calculatrices, d'ordinateurs, de logiciels de calcul formel, sont proposées aux lycéens des mathématiques aussi séductrices par leur apparente facilité que vidées de leur contenu classique, supposé former l'esprit. Quand on sait à quel point déjà pour le moindre calcul simple leur réflexe est de prendre leur calculatrice, on peut se demander ce qu'ils "sauront" sans logiciel à portée de main pour résoudre la moindre équation, classique ou différentielle. Tous ces instruments remarquables supposeraient pour être efficacement utilisés une culture mathématique préalable, trop souvent fragile ou absente. En particulier, est toujours inquiétante la régression que connaît l'école primaire, en proie à des archaïsmes que la politique actuelle renforce plutôt que de les reconsidérer.

Or, à côté de tout cela il y a, littéralement, une explosion, grâce à Internet, de remarquables travaux d'enseignants démontrant à quel point leur souhait de transmettre est vivace ; il y a des associations, des forums, des clubs de mathématiques, des publications, des concours, des jeux… Le tout, confronté à la difficile situation des mathématiques dans le cursus scolaire et universitaire, paraît paradoxal. »

PRINCIPAUX OUVRAGES

Dico de mathématiques (collège et CM2), Éditions du Seuil, 2008. Plus particulièrement destiné aux collégiens, aux CM2 et à leurs enseignants.

Naître en français, Gallimard, 2006. Autobiographie qui couvre de la petite enfance en Iran jusqu'au lycée à Beyrouth.

Si 7 = 0. Quelles mathématiques pour l'école ?, Odile Jacob, 2004 (réédition en 2006). Pourquoi trop d'enfants sont-ils encore victimes de l'innumérisme ? Ce livre oppose à l'inadaptation d'un enseignement traditionnel une « révolution douce de l'enseignement des mathématiques ».

Comptes pour petits et grands. Pour un apprentissage du nombre et de la numération fondé sur la langue et le sens, vol. 1, Magnard, 1997. *Comptes pour petits et grands. Pour un apprentissage des opérations, des calculs et des problèmes, fondé sur la langue et le sens*, vol. 2, Magnard, 2003. Propositions pour une autre école primaire.

Dictionnaire de mathématiques élémentaires, Éditions du Seuil, 1992 (réédition en 1995, traduit en italien et en portugais). Premier dictionnaire de mathématiques qui permet de passer le premier barrage de la langue.

L'Âge du capitaine. De l'erreur en mathématiques, Éditions du Seuil, 1985 (rééditions en 1992 et 2002). La longue histoire du sens en mathématiques et de la difficulté de sa transmission.

Échecs et Maths, Éditions du Seuil, 1973 (rééditions en 1977, 1981, 1986, 1991). À travers l'analyse de devoirs d'élèves, une réflexion sur l'échec et ses raisons.

2.

Jean-Pierre Bourguignon

Le goût de la recherche et la rencontre de mathématiciens d'exception a guidé cet ancien élève de l'École polytechnique vers le CNRS. D'abord investi dans la géométrie différentielle*, il s'est intéressé de plus en plus aux aspects mathématiques des théories physiques. Après des années consacrées à la recherche, il a mené de front une carrière de chercheur et d'enseignant, s'investissant bientôt dans les instances mathématiques françaises et internationales. Actuellement directeur de l'Institut des hautes études scientifiques, ce mathématicien est aussi président du Comité d'éthique du CNRS.

1947

Naissance à Lyon

1966

Entrée à l'École polytechnique

1968

Recrutement au CNRS

1974

Thèse de doctorat d'État de l'université Paris VII

1986

Professeur de mathématiques à l'École polytechnique

1987

Prix Paul Langevin de l'Académie des sciences de Paris

1990-1992

Président de la Société mathématique de France (SMF)

1994

Directeur de l'Institut des hautes études scientifiques (IHÉS)

1995-1998

Président de la Société mathématique européenne (SME)

La vocation

« *A priori* je ne me destinais pas à faire des mathématiques mon métier, même si j'en faisais avec facilité à l'école. Au lycée, mon investissement intellectuel était plutôt dans la littérature et la philosophie. Les mathématiques me semblaient assez peu intéressantes, du moins jusqu'en terminale. Toutefois, si je jette un regard en arrière, je dois mentionner les instituteurs que j'ai eus à l'école primaire, tous des hommes passionnants qui m'ont tant appris, et les professeurs que j'ai eus dans la suite de mes études, qui m'ont comblé. Il faut dire que mes parents ont reporté sur moi la frustration qu'ils avaient connue de ne pouvoir faire eux-mêmes des études. Par ailleurs, j'ai eu la chance de rester neuf ans dans le même établissement, un petit lycée d'un quartier du centre de Lyon, à la frontière d'un quartier populaire et d'un quartier au contraire très bourgeois.

Pour ce qui concerne les mathématiques, le fait que, de la sixième à la seconde, sauf une année, j'ai eu le même professeur, M. Lemaître, a sûrement été un autre facteur déterminant. Cet homme très exigeant n'était pas un mathématicien extraordinaire, mais il avait une pédagogie stricte faisant souvent appel aux élèves à l'aise pour accompagner les élèves en difficulté. Du coup, avec un groupe de bons élèves, je me suis souvent trouvé dans la situation d'avoir à expliquer ce que j'avais compris.

Les mathématiques me sont apparues vraiment intéressantes le jour où… je n'ai plus rien compris ! J'étais en classe de terminale face à un vrai mathématicien, passionné d'astronomie, mais plutôt mauvais pédagogue. Pour la première fois, j'ai senti qu'il y avait vraiment dans les mathématiques quelque chose de profond à comprendre, même si je ne voyais pas tout de suite quoi… Curieusement, celui qui m'a permis de tenir face à ce choc inattendu a été mon professeur de physique, qui m'a pris sous son aile. Constater que, là au moins, j'étais toujours capable de résoudre des problèmes substantiels avait quelque chose de rassurant.

Après le bac, je suis entré en "math sup", au lycée du Parc à Lyon. Je suis tombé sur un jeune professeur de mathématiques passionné. Cette année a été d'une certaine façon idyllique : je me retrouvais premier en mathématiques. La pédagogie radicale de mon professeur de terminale avait développé mes facultés à réfléchir par moi-même. C'est là que j'ai finalement compris comment l'architecture des mathématiques entrevue en terminale, et pas vraiment comprise, pouvait être assimilée. On peut dater de cette classe de "math sup" ma volonté de faire des mathématiques ma profession… même si, bien entendu, rien n'était encore joué. »

Le cursus

« Si l'année de "math sup" fut intense mais très agréable, l'année de "math spé" a été beaucoup plus difficile. La raison ? Un professeur mathématicien de talent, mais utilisant une pédagogie de la terreur : il faisait peu de cas des élèves qu'il jugeait moyens ou médiocres, mais passait son temps à accabler les élèves dont il pensait qu'ils pouvaient faire quelque chose. Étant dans cette catégorie, j'ai enduré ses remontrances à répétition et, du coup, en février 1966, soit à trois mois des concours, j'ai dû faire face à une grave période de doute, pour ne pas dire de dépression. Dans ces conditions un peu particulières, j'ai tout de même réussi le concours d'entrée à l'École polytechnique, mais pas celui de l'École normale supérieure de la rue d'Ulm. Je n'ai pas eu le courage de redoubler. Si je considère maintenant mon parcours, je pense que, paradoxalement, j'ai fait le bon choix à cause de circonstances spéciales.

En effet, lorsque j'ai commencé ma scolarité à Polytechnique, une bonne partie de l'enseignement y était au bout du rouleau ; certains cours de physique et de mécanique notamment étaient catastrophiques. Du coup, avec un groupe d'élèves motivés, nous nous sommes retroussés les manches et nous avons tenté de suppléer à la carence de certains professeurs. À l'inverse, les cours d'analyse* étaient extraordinaires. Notre professeur, Gustave Choquet, nous enseignait de grandes mathématiques. Cette différence de qualité de l'enseignement entre les mathématiques et les autres disciplines venait du fait qu'en mathématiques Laurent Schwartz (médaille Fields* 1950) était passé par là. Il avait remis à plat l'enseignement de l'analyse en lui donnant une ambition à la hauteur du rôle que peuvent (et doivent) jouer les mathématiques pour des ingénieurs de haut niveau. Il a fallu les événements de Mai 68 et les pressions exercées par les élèves et les enseignants, qui avaient pris conscience de la gravité de la situation, pour qu'une loi votée durant l'été 1968 change assez radicalement l'organisation de l'enseignement à l'École polytechnique. Cette modernisation fut l'occasion d'un nouveau départ, mais le changement avait bien tardé à venir.

En fait, les circonstances que j'avais connues alors, à savoir la confrontation de quelques professeurs de niveau exceptionnel et d'autres dépassés par les événements à des élèves très motivés pour apprendre les sciences, se sont révélées un cadre de formation exceptionnel : il offrait la conjonction d'un contact avec la science la plus exigeante et de l'obligation de travailler et de comprendre par soi-même ou avec un petit groupe, ce qui est le cœur même du travail de chercheur. Au moment de prendre une orientation à la sortie de l'École polytechnique, mesurant l'écart de mes connaissances mathématiques avec celles de mes camarades de l'École normale supérieure, je ne me considérais pas assez bon pour me lancer dans la recherche mathématique et mon choix s'est porté sur la mécanique théorique. »

L'apport aux mathématiques

La géométrie différentielle

« Dès la fin de mes études à l'École polytechnique, je suis donc allé voir des professeurs de mécanique. J'avais déjà identifié un possible sujet de thèse, à savoir une approche géométrique de l'équation d'Euler, qui décrit le mouvement des fluides. Les mécaniciens que j'ai rencontrés me tinrent à peu près ce discours : "Si vous venez nous voir, c'est à nous de vous proposer un sujet et pas à vous de venir avec des idées toutes faites." J'étais découragé et du coup j'ai essayé de convaincre Gustave Choquet de me prendre en thèse sur ce sujet de mécanique. Alors qu'il avait accepté, un mathématicien m'a prévenu qu'un article traitant précisément de ce sujet venait d'être publié. Obligation, cette fois, de réviser la direction de recherche que je voulais prendre… Mais cela ne remettait pas en cause mon emploi car, recruté au CNRS en 1968, j'y avais effectivement pris mes fonctions en 1969 après une année officielle de service militaire dédiée en fait à la mise en place des nouveaux enseignements de l'École en tandem avec Yves Bamberger, compagnon de la première heure dans la bataille pour réformer l'enseignement.

J'ai alors constaté que l'un des auteurs du papier résolvant la question qui m'intéressait avait coécrit un article avec Marcel Berger, dont je suivais le cours de 3e cycle de géométrie différentielle, domaine proche de la mécanique. J'ai rapidement parlé avec lui pour lui demander de m'accepter comme élève en thèse. C'est ainsi qu'a commencé ma carrière de géomètre différentiel.

La géométrie différentielle étudie des espaces généralisant en dimensions plus élevées la notion de surface, les "variétés* différentielles". Marcel Berger est un expert de géométrie riemannienne, celle qui s'occupe d'espaces munis en plus d'une notion de longueur. Je travaillais au Centre de mathématiques de Polytechnique qui venait d'être créé à l'initiative de Laurent Schwartz. J'allais aussi écouter régulièrement plusieurs séminaires, dont celui de René Thom à l'IHÉS – le père de la théorie des catastrophes* et médaille Fields 1958 – que j'ai trouvé personnellement accessible. Pour un début de carrière, c'était une chance extraordinaire que d'être dans cette ambiance intellectuelle privilégiée au Centre de mathématiques de l'École polytechnique, au milieu de chercheurs toujours prêts à partager leurs intérêts du moment.

Très vite, Marcel Berger m'a poussé à voyager. Mon premier séjour de longue durée à l'étranger a eu lieu pendant l'année académique 1972-1973, suite à une invitation de James Simons, alors *chairman* du département de mathématiques de la State University de New York à Stony Brook, de passage à Paris, invitation faite après avoir assisté à un de mes exposés. James Simons avait rassemblé de nombreux jeunes géomètres différentiels. La même année que moi est arrivé Shing-Tung Yau, dont c'était le premier poste après sa thèse sous la direction de Shiing-Shen Chern (1911-2004). Avec Shing-Tung Yau, je me suis mis à discuter de la "conjecture de Calabi", une des conjectures* qui mobilisaient l'attention de nombreux géomètres différentiels à l'époque. Nous essayions de prouver qu'elle était fausse, obtenant ensemble un résultat qui pouvait apparaître comme un premier pas dans cette direction. Shing-Tung Yau a prouvé finalement la véracité de cette conjecture en 1977, recevant quelques années plus tard la médaille Fields pour ce résultat et quelques autres aussi spectaculaires, jetant les bases géométriques pour l'étude des "variétés de Calabi-Yau" si fondamentales en théorie des cordes. Ce séjour a été une première expérience d'un compagnonnage avec des mathématiciens parmi les plus prometteurs de la planète.

Mon deuxième séjour prolongé à l'étranger s'est déroulé à l'université de Bonn, pour l'année académique 1976-1977. Depuis quelques années déjà, j'avais été invité régulièrement par Wilhelm Klingenberg, un géomètre différentiel compagnon de route de Marcel Berger. Ce long séjour allemand a renforcé ma conviction qu'un partenariat régulier avec l'Allemagne était indispensable à l'établissement d'une Europe digne de ce nom. Durant ce séjour, j'ai aussi fait plusieurs rencontres importantes dans la suite de ma vie professionnelle, dont celle de Friedrich Hirzebruch, qui a joué un rôle capital dans la revitalisation des mathématiques allemandes après la saignée provoquée par le régime nazi et la guerre.

Un autre long séjour décisif pour moi a eu lieu en 1980. Shing-Tung Yau, déjà très reconnu, m'a invité pour une année spéciale à l'Institute for Advanced Study de Princeton (New Jersey). Le thème central était l'analyse globale, à savoir l'utilisation de méthodes analytiques pour résoudre des problèmes géométriques. Là, j'ai pu collaborer dans un contexte très stimulant avec un groupe de jeunes chercheurs dont plusieurs sont devenus les références du sujet.

Mon développement professionnel doit beaucoup à tous les membres du groupe que Marcel Berger avait réuni autour de lui et qui a pris le nom de plume d'Arthur L. Besse pour écrire des ouvrages collectifs. Dans ce cadre se sont rapidement nouées des relations d'amitié avec la possibilité de tester de nouvelles idées, même si elles n'étaient pas encore mûres.

D'autres voyages de moyenne durée, comme un séjour de deux mois au Japon en 1979 et un de cinq semaines en Chine en 1981, m'ont révélé que le monde occidental avait beaucoup à apprendre de l'Asie et de ses cultures, aussi anciennes que diverses. »

L'étude des variétés riemanniennes

« En géométrie différentielle, mes travaux ont pour l'essentiel porté sur l'étude des variétés riemanniennes, sujet d'une grande diversité, avec des ramifications du côté de la physique.

Le problème de ma thèse consistait à montrer que, sur une variété donnée, l'espace de toutes les métriques riemanniennes se comportait de façon aussi simple qu'il est possible lorsqu'on veut en faire une description intrinsèque, c'est-à-dire indépendante d'un paramétrage particulier. Comme il s'agit d'un espace de dimension infinie, il est nécessaire de prendre des précautions analytiques pour formuler cette propriété. Après quelques péripéties liées à la publication sans démonstration d'un résultat du type de celui que je cherchais, qui se sont dénouées pendant mon voyage aux États-Unis, j'ai pu soutenir ma thèse d'État en mai 1974.

Un autre sujet, déjà abordé dans une partie de ma thèse, est devenu l'un de mes domaines d'intérêt majeurs : la courbure de Ricci. Lorsqu'on s'intéresse à la géométrie riemannienne, l'invariant fondamental introduit par Bernhard Riemann est la courbure de la métrique, qui généralise celle des surfaces introduite par Carl Friedrich Gauss. La courbure de Ricci, qui assigne à chaque point de la variété un objet de même nature que la métrique, en est une partie. Dès lors, pourquoi ne pas voir la courbure de Ricci comme une variation infinitésimale de la métrique ? Ce point de vue a été popularisé par les spécialistes de relativité générale. Inspiré par un travail de Thierry Aubin du début des années 1970, j'ai formulé précisément le problème mathématique que suggérait cette approche dans les actes d'une conférence en 1979 et en ai fait le sujet du cours que j'ai donné à Stanford à l'automne 1980. J'y étais notamment encouragé par les nombreuses questions que me posait cet automne-là Daniel Friedan, un physicien théoricien terminant sa thèse sous la direction d'Isadore Singer, alors professeur à Berkeley. Cet automne-là j'ai pu avoir avec Isadore Singer plusieurs discussions éclairantes sur l'importance pour les géomètres différentiels de garder un contact étroit avec la physique théorique. Ce n'est qu'après les résultats de Richard Hamilton et de Dennis DeTurck, deux années plus tard, que l'étape analytique décisive a abouti à l'étude de ce qui est appelé aujourd'hui le "flot de Ricci". Étude qui joue un rôle déterminant dans la démonstration par Grigori Perelman de la conjecture de Poincaré, selon laquelle "la sphère de dimension 3 est la seule variété compacte de cette dimension dans laquelle tout lacet tracé peut se déformer en un point". Pour ma part, je suis convaincu que nous ne disposons toujours pas pour la courbure de Ricci d'une définition dévoilant son contenu géométrique au premier coup d'œil. »

Mathématiques et physique

« Mon article peut-être le plus connu, écrit en collaboration avec Blaine Lawson, traite d'un problème géométrique inspiré par la physique. En 1954, Chen Ning Yang et Robert Mills ont introduit des équations, qui portent maintenant leur nom, décrivant un modèle classique des interactions faibles en physique des particules élémentaires. Les physiciens cherchaient à décrire toutes les solutions de ces équations simplifiées dans un certain nombre de contextes. En 1979, en discutant avec Blaine Lawson, alors en visite à l'IHÉS, je lui ai raconté ce que je savais faire dans un cas particulier important ; il me dit alors que lui savait comment obtenir l'autre moitié du théorème. Ainsi, simplement en discutant presqu'à bâtons rompus, nous nous sommes rendus compte qu'à nous deux nous pouvions démontrer un résultat très convoité. Il est remarquable de constater que, pour lui comme pour moi, un travail fait un an auparavant par James Simons, le dernier avant qu'il développe à grande échelle une société financière, avait eu l'effet mobilisateur. C'est pourquoi nous l'avons invité à se joindre à nous pour publier l'annonce de notre résultat. »

Le temps des responsabilités collectives

« À peine rentré de mon dernier voyage aux États-Unis, fin 1980, je me suis retrouvé président de la commission en charge des mathématiques au Comité national de la recherche scientifique, l'organe du CNRS chargé de l'évaluation des chercheurs et des équipes de recherche. Il va sans dire que mon élection à cette responsabilité était totalement inattendue... car je n'avais alors que 33 ans. Pour pallier ce handicap, je n'avais pas d'autre choix que de préparer minutieusement mes dossiers avant chaque réunion, ce qui m'a permis de cultiver le goût de considérer les mathématiques de manière plus globale.

Un peu plus tard, en 1987, à la demande de Jean-François Méla, alors président de la Société mathématique de France (SMF), je me suis beaucoup impliqué dans la préparation d'un colloque intitulé "Mathématiques à venir", organisé sous le patronage de la SMF justement, mais aussi de la Société de mathématiques appliquées et industrielles. Ce colloque reprenait une proposition que j'avais faite un an auparavant au conseil de la SMF et qui avait été refusée. C'était à l'origine une suggestion de Bernard Esambert, un banquier alors président du conseil d'administration de l'École polytechnique : lors de ma visite de prise de fonction comme professeur dans cette école, je lui avais mentionné les difficultés que rencontraient les mathématiciens confrontés à une chute considérable du nombre d'étudiants. Le colloque fut un grand succès. Dès l'année suivante, après les élections présidentielles de 1988, une direction pour les mathématiques était créée au sein de la toute nouvelle direction de la Recherche et des Études doctorales, et les moyens financiers pour les mathématiques multipliés par deux en très peu d'années.

Je suis devenu président de la SMF en 1990 dans une période de grand changement, les mathématiciens reprenant espoir devant les moyens nouveaux, humains et financiers, qui leur étaient confiés. Dès l'année suivante, je prenais la direction du Centre de mathématiques de l'École polytechnique, succédant à Michel Demazure, lui-même successeur de Laurent Schwartz, atteint par la limite d'âge. »

La direction de l'IHÉS

« En 1993 m'est arrivée par la poste l'offre de devenir directeur de l'IHÉS, un établissement très particulier dans l'univers des mathématiques et de la physique théorique à l'échelle mondiale : une surprise complète pour moi. J'y connaissais plusieurs des professeurs permanents en exercice, comme Misha Gromov, Alain Connes ou Louis Michel, et le directeur dont il s'agissait de prendre la succession était… Marcel Berger. Je n'ai d'abord pas pris cette offre tout à fait au sérieux car je me considérais par trop inexpérimenté pour prendre la responsabilité de cette PME à grande visibilité dans le monde scientifique.

L'établissement traversait une période difficile, avec des ressources financières un peu incertaines et une position originale à défendre suite à l'apparition de plusieurs instituts de format analogue en Europe, qui représentaient *a priori* une concurrence redoutable. Après discussion avec un certain nombre de collègues, j'ai fini par accepter, considérant le défi intéressant.

Mes premières initiatives ont consisté à faire venir à l'institut plus de jeunes chercheurs en créant l'Institut post-doctoral européen, en collaboration avec l'Institut Max-Planck de Bonn et l'Institut Isaac-Newton de Cambridge, précisément deux institutions potentiellement rivales de l'IHÉS. Très vite s'est présenté un deuxième défi : préparer le recrutement d'un nouveau professeur permanent. Après une période d'intense étude de divers dossiers dans le cadre du Comité scientifique, le nom de Maxim Kontsevitch s'est imposé comme un candidat à approcher. J'étais vraiment très anxieux de pouvoir lui parler en direct, ce qui s'est passé dans une gare de New York, ville où nous étions tous deux de passage… Maxim Kontsevitch a finalement décidé de venir s'installer à Bures-sur-Yvette en 1995. Il a reçu la médaille Fields en 2008. Deux autres professeurs permanents ont été recrutés en 2000, le physicien Nikita Nekrasov et le mathématicien Laurent Lafforgue.

Peu après avoir pris la direction de l'IHÉS, je me suis trouvé dans l'obligation d'assumer une charge pour laquelle je ne m'étais évidemment pas préparé : la présidence de la Société mathématique européenne (SME), suite à une sollicitation de Friedrich Hirzebruch, qui en était le premier président. Les tensions qui étaient apparues lors de la création de la SME, notamment entre Britanniques et Français, à propos de son mode d'organisation, ne me désignaient pas *a priori* comme la meilleure personne pour remplir cette fonction. J'ai assumé ce mandat de 1995 à 1998, avec une équipe passionnée. Beaucoup de choses étaient à imaginer, aucun modèle ne pouvant être utilisé pour développer cette société savante d'un nouveau type.

Diriger l'IHÉS a été une aventure d'une dimension autre que toutes celles que j'avais connues auparavant. Très rapidement, en plus du souci d'y cultiver la recherche au meilleur niveau, la nécessité de collecter de nouvelles ressources financières s'est imposée. Les défis et les périodes critiques n'ont pas manqué. À partir de 2001, grâce à plusieurs subventions et dons finalement dénichés, il a été possible de remettre le campus en état. Une personne clé dans cette recherche de financement a été James Simons. Ayant créé vers la fin des années 1970 le fonds d'investissement Renaissance Technologies, il a fait fortune. Son épouse Marilyn et lui se sont montrés, et se montrent, très généreux pour de nombreuses causes de par le monde, dont celle des mathématiciens. Ils sont des soutiens d'une fidélité remarquable à l'IHÉS. Rien de tout cela n'aurait été possible si je n'étais parvenu à rassembler une équipe technique compétente, motivée et imaginative, l'institut étant une structure originale mais aussi très fragile. »

L'IHÉS

« Fondé en 1958, l'Institut des hautes études scientifiques (IHÉS) est une fondation privée dédiée à la recherche en mathématiques, en physique théorique et à toute discipline théorique qui s'y rattache. Léon Motchane, industriel d'origine russe passionné de mathématiques, a créé cet institut avec l'ambition d'en faire le pendant en Europe de l'Institute for Advanced Study (IAS) de Princeton. Aidé de son cercle d'amis dans le monde industriel, de Robert Oppenheimer, alors directeur de l'IAS, et du mathématicien français Jean Dieudonné, il est parvenu à réunir les fonds pour lancer l'institut. En 1962, l'IHÉS s'installe à Bures-sur-Yvette, dans le domaine de Bois-Marie, qu'il occupe encore aujourd'hui. Les premières années sont marquées, du côté des mathématiques, par la présence d'Alexander Grothendieck, qui a complètement transformé la géométrie algébrique*, et, du côté de la physique, de Louis Michel et David Ruelle, un des créateurs de la théorie du chaos. René Thom y a été professeur permanent de 1963 à 1990. Outre les cinq professeurs permanents et Alain Connes, professeur au Collège de France et titulaire de la chaire Léon-Motchane à l'IHÉS, l'institut abrite encore cinq chercheurs du CNRS en visite de longue durée. C'est un lieu de rencontre entre mathématiciens et physiciens théoriciens du monde entier, avec un programme de visiteurs très important puisque, chaque année, près de 250 chercheurs y font des séjours d'une durée moyenne de deux mois et demi. Cet institut de recherche international s'ouvre aujourd'hui à d'autres horizons, comme la biologie moléculaire et la médecine sous l'impulsion du géomètre Mikhaïl Gromov ou les interactions avec la haute technologie dans le cadre d'une nouvelle chaire créée avec le soutien de la société Schlumberger. »

Les figures marquantes

« Il est toujours difficile de singulariser la relation avec des personnes particulières quand le travail de recherche, spécialement en mathématiques, est fait de rencontres nombreuses et dont aucune n'est vraiment à négliger, tant l'échange en direct est essentiel à la formulation et à la progression des idées. J'espère que tous ceux à qui je dois tant, collaborateurs, compagnons de route, élèves, me pardonneront : ils m'ont beaucoup appris et m'ont stimulé. Ils m'ont aussi aidé à faire des choix car il y a trop de choses intéressantes à faire.

Je dois d'abord mentionner Laurent Schwartz (1915-2002). C'est en tant que représentant des élèves de ma promotion que je l'ai rencontré pour la première fois dans le cadre des discussions sur la réforme des études. J'ai ensuite beaucoup plus régulièrement discuté avec lui au Centre de mathématiques à l'École polytechnique. D'une certaine façon, c'est lui qui m'a forcé à approfondir ma réflexion sur l'enseignement supérieur et la recherche, jouant un peu le rôle d'un second père pour moi. Le Centre de mathématiques était son enfant et il portait une attention toute particulière aux jeunes chercheurs.

Je citerai aussi Marcel Berger, qui m'a appris mon métier de géomètre. Avant ma thèse, j'allais régulièrement dans son bureau et il passait de longues heures, en fait les deux ou trois premières années près d'une journée par semaine, à me parler de géométrie sous toutes ses formes avec le talent d'un conteur. On lui doit la création d'une école de géométrie en France. C'est grâce à sa générosité que l'auteur collectif "Arthur L. Besse", regroupant des membres de son groupe et aussi quelques autres, a pu voir le jour et prospérer.

Friedrich Hirzebruch m'a fait confiance pour diverses missions d'ordre international. Son action opiniâtre pour convaincre l'Institut Max-Planck de créer un institut centré sur les mathématiques à Bonn a finalement été couronnée de succès et il en a été un directeur d'une efficacité remarquable. Il a aussi œuvré pour que cet institut ne soit pas le seul et qu'un autre, plus centré sur les interactions des mathématiques avec les autres sciences, voit aussi le jour à Leipzig. Sa façon discrète de veiller à ce que tout ce qui doit être fait le soit de la bonne façon est exemplaire.

Shiing-Shen Chern a joué à plusieurs reprises dans ma vie un rôle subtil d'encouragement. Je me souviens encore très bien de son accueil à Berkeley quand j'y suis arrivé en janvier 1994 pour un séjour d'un semestre, ayant appris que j'allais être le prochain directeur de l'IHÉS. “Prêt pour le grand saut ?” m'a-t-il dit avec gentillesse. J'avais encore tout à apprendre et j'espérais qu'il me livrerait quelques secrets. Ce fut un peu le cas, à sa façon tout en nuances, profitant du fait que nos bureaux étaient voisins. Cette attitude bienveillante s'était manifestée par diverses invitations en Chine dès 1981, juste après la Révolution culturelle, et dans son institut à l'université Nankai à Tianjin. Il a soutenu les efforts que l'IHÉS a entrepris pour accueillir plus de visiteurs chinois, conduisant à la création d'un fonds spécial, le fonds Chern, auquel il a contribué sur ses deniers personnels.

Dans l'allocution prononcée en ouverture du colloque organisé par mes élèves pour mes soixante ans, James Simons a mentionné que, dans les années récentes, nos relations avaient souvent consisté à ce qu'il me signe un chèque pour l'IHÉS. Ce n'est pas faux, mais notre premier contact remonte à près de quarante ans. Rétrospectivement, je mesure toutes les occasions qu'il m'a offertes : rejoindre la concentration de jeunes géomètres qu'il avait su créer à Stony Brook, puis m'inciter à m'intéresser aux questions posées par les physiciens dans le cadre de ses contacts avec le prix Nobel de physique Chen Ning Yang, sans oublier son article stimulant de 1979. Ce qui me frappe peut-être le plus chez lui, c'est la constance de sa personnalité et les remarquables accessibilité et modestie qu'il a gardées intactes, alors qu'il est devenu une des personnes les plus riches de la planète.

Ma première rencontre avec Gérard Mégie date de notre passage à l'École polytechnique et nous avions pu constater notre divergence de vues sur le rôle des traditions. Je l'ai retrouvé dans les années 1990 au conseil scientifique du CNRS dans une période de relations tendues avec la direction de l'organisme. Nous avons sympathisé et nous nous sommes retrouvés un peu plus tard au Comité d'éthique du CNRS, une nouvelle occasion d'apprécier sa capacité d'écoute. Durant l'été 2000, le ministre de la Recherche de l'époque nous a demandé si nous serions prêts à exercer la fonction de président du CNRS. Plutôt que d'être rivaux, nous sommes convenus de nous tenir mutuellement au courant. C'est Gérard Mégie qui fut choisi, ce qui était normal vu sa déjà grande expérience des organismes nationaux et internationaux. J'ai ensuite accepté volontiers d'animer en son nom un groupe de réflexion sur l'évolution de la gestion des ressources humaines au CNRS, une occasion de discussions intenses à propos d'un organisme auquel nous étions très attachés, mais conscients de ses rigidités. Son décès prématuré en 2004 a été une grande perte dont les conséquences se font encore sentir.

J'ai déjà évoqué le compagnonnage avec Yves Bamberger pendant notre scolarité à l'École polytechnique. Nous venions de milieux bien différents, mais nous partagions la même intransigeance vis-à-vis du conformisme et des idées reçues. Même si nos façons de nous impliquer dans la science en train de se faire ont rapidement divergé, Yves Bamberger choisissant la trajectoire d'ingénieur de recherche dans un environnement industriel, nous avons essayé de saisir toutes les occasions pour continuer des travaux en commun. Nos obligations professionnelles respectives nous ont empêché de faire aboutir le projet de livre auquel nous avons travaillé quelque temps. Le hasard a fait qu'il se retrouve aujourd'hui le représentant d'EDF au conseil d'administration de l'IHÉS. Je n'ai pas objecté à cette nomination…

Sensibles tous deux à la nécessité de communiquer des mathématiques à un public large, nous avons conçu un film de vulgarisation scientifique projeté à la Cité des sciences et de l'industrie pendant une dizaine d'années. Ce fut pour moi le début d'une collaboration avec François Tisseyre. Travailler avec lui à ce projet et à de nombreux autres a été une excellente école de rigueur dans la communication. J'ai rencontré le même niveau d'exigence professionnelle chez Jean-François Dars et Anne Papillault, avec qui j'ai eu le bonheur de monter plusieurs films au titre du CNRS. Le projet d'un reportage *in vivo* sur l'IHÉS, suite à leur immersion fortuite dans la vie de l'institut, a pris les proportions d'une aventure extraordinaire après qu'Alain Connes a suggéré d'accompagner de textes libres écrits par les chercheurs les meilleures photographies choisies parmi des centaines prises sur le vif, donnant naissance à un livre, *Les Déchiffreurs*, déjà traduit en trois langues. »

Lettre sur les aveugles à l'usage de ceux qui voient (1749), Denis Diderot

« Au lycée déjà, j'étais un lecteur assidu de Diderot et j'apprécie particulièrement cet essai. La teneur de cette lettre, anticléricale et matérialiste, a valu à l'auteur de séjourner en prison quelques mois. Ses textes sont des réflexions très personnelles, mais toujours dans un contexte d'échange social. Et puis ils ont souvent un côté irrévérencieux, comme dans l'essai *Les Bijoux indiscrets*. En même temps, Diderot a le souci de l'économie de style et, par son implication dans le travail monumental qu'a représenté *L'Encyclopédie*, le souci de la vulgarisation. J'apprécie particulièrement cette approche de la discussion de la science qui se constitue dans des dialogues remarquablement construits entre savants et personnes curieuses de sciences. Ce mode d'échange, déjà utilisé par Galilée par exemple, me semble particulièrement enrichissant. »

Regard sur la discipline

« Depuis une vingtaine d'années, je n'ai eu de cesse de répéter que la communauté des mathématiciens doit arrêter d'être aussi myope. Les mathématiciens ont aujourd'hui une chance historique d'élargir leur champ de recherche. Cette évolution inéluctable doit être assumée par la communauté au lieu d'être crainte frileusement comme risque de destruction de son essence. Il faut le faire en défendant bec et ongle l'exigence d'indépendance dans le développement de la discipline.

L'histoire nous enseigne que les mathématiques contiennent en elles-mêmes la source de certaines de leurs évolutions, mais qu'elles évoluent aussi sous l'effet de sollicitations externes. Aujourd'hui, de nouveaux champs scientifiques, comme la biologie et la médecine, sont mûrs pour que des mathématiciens s'y investissent : cependant, les mathématiques les plus pertinentes vont sûrement nécessiter une synthèse encore largement à construire.

Lorsqu'on regarde la communauté française, on est obligé de constater combien elle est pauvre en statisticiens et combien un effort de formation massif s'impose dans ce domaine. Avec l'école de probabilités florissante que la France possède aujourd'hui, l'effort à faire devrait être facile à concrétiser. Le champ des statistiques est aussi à considérer comme un domaine de recherche particulièrement ouvert : il y a très probablement des choses radicalement nouvelles à inventer, par exemple autour de la statistique des images.

Le défi est de parvenir à faire progresser la réflexion sur la place des sciences, en particulier celle des mathématiques, dans le développement du monde moderne. C'est là que l'on rejoint mon investissement dans le Comité d'éthique du CNRS : n'est plus de mise aujourd'hui un point de vue, que l'on peut qualifier sommairement de "scientiste", affirmant que les "savants" doivent pouvoir faire ce qu'ils veulent sans avoir de comptes à rendre à la société ; symétriquement, la volonté de mise sous tutelle de la communauté scientifique, dont on voit des manifestations par exemple dans la politique qui minimise le rôle des scientifiques au ministère de la Recherche, est à dénoncer comme porteuse de contresens et potentiellement génératrice de catastrophes. Pour la recherche fondamentale, il est crucial de créer les conditions pour que les défis les plus audacieux soient affrontés, tout le contraire d'une programmation tâtillonne ; pour cela, une perspective de long terme s'appuyant sur une relation confiante avec la communauté des chercheurs est incontournable. Il est indispensable de faire confiance très tôt aux jeunes chercheurs, au lieu de les considérer comme force d'appoint dans des projets à court terme, comme on le fait de plus en plus.

Il faut aussi que soient reconnus les besoins spécifiques des mathématiciens. L'uniformisation des procédures et le placage de plus en plus fréquent d'outils de gestion ignorant les règles fondamentales du fonctionnement de la recherche peuvent avoir, à moyen terme, des effets dévastateurs. Dans chaque discipline, au cours des ans se sont forgées des modes de vie et ils sont rarement arbitraires. »

PRINCIPAUX OUVRAGES

Conceptual Forms, livre de photographies d'Hiroshi Sugimoto, avec un texte de Jean-Pierre Bourguignon, Fondation Cartier pour l'Art contemporain / Actes Sud, 2004.

« Espaces courbes » in *Qu'est-ce que l'Univers ?*, université de tous les savoirs, vol. 4, Odile Jacob, 2001, pp. 152-163. Une introduction non technique et plutôt historique aux espaces courbes.

À voir

La Nouvelle Étoile du Berger, film de François Tisseyre et Claire Weingarten, sur une idée de Jean-Pierre Bourguignon, CNRS-Images Media, 1995.

3.

Michel Broué

Algébriste passionné, ce mathématicien est spécialiste de la théorie des groupes*. Professeur à l'université Denis-Diderot (Paris VII), il est également membre de l'Institut universitaire de France et a dirigé l'Institut Henri-Poincaré, haut lieu de rencontres, cours et séminaires qui rassemble mathématiciens et physiciens théoriciens du monde entier. Chercheur engagé, il est cofondateur du Comité des mathématiciens, qui a obtenu les libérations de mathématiciens emprisonnés ou internés pour des raisons politiques.

1946

Naissance à Paris

1970

Thèse de 3e cycle et entrée au CNRS

1975

Thèse d'État

Depuis 1980

Professeur à Paris VII

1986

Directeur du département mathématiques et informatique de l'École normale supérieure (rue d'Ulm)

1993

Membre senior de l'Institut universitaire de France

1999-2009

Directeur de l'Institut Henri-Poincaré

La vocation

« Rien ne me destinait aux mathématiques. Que je sois devenu mathématicien est plutôt l'aboutissement d'un long cheminement. Au collège, je n'aimais pas les mathématiques et je n'ai pas de bons souvenirs de leur enseignement. Durant toute cette partie de ma scolarité, suivie à Privas dans l'Ardèche, mes professeurs de mathématiques ne donnaient pas particulièrement envie d'en faire (certains avaient d'ailleurs une formation en "sciences naturelles", comme on disait alors, et pas en mathématiques – ceci explique sans doute en partie cela). Il n'y avait aucun feu sacré dans leur enseignement, qui consistait pour l'essentiel à nous faire apprendre des règles par cœur.

J'ai été élevé par mes grands-parents et mon grand-père, instituteur, aimait beaucoup les mathématiques. Constatant mon désintérêt, il entreprit de me faire changer d'avis. Pour cela, une fois par semaine, le jeudi après-midi (à cette époque c'était le jour sans école), il me racontait les mathématiques, notamment en me montrant les miracles des propriétés du triangle. J'étais intrigué par ces objets qu'on avait beau déformer en tout sens et qui conservaient des propriétés étonnantes, comme ces droites (médianes, médiatrices, hauteurs) qui passent toujours par les mêmes points. À l'issue de ces séances, j'ai incontestablement changé de point de vue sur les mathématiques. J'étais séduit par ces propriétés immanentes qui me surprenaient, que je découvrais. Et aussi, sans doute, l'amour et le respect que je portais à mon grand-père avaient contribué à m'ouvrir l'esprit…

Au lycée, en première et en terminale, j'atterris en Seine-et-Marne où j'eus la chance de découvrir un (une, en fait) professeur de mathématiques qui me passionna. Cependant, je me considérais plutôt comme un littéraire et avais bien d'autres centres d'intérêt. Tout enfant, je voulais devenir coureur cycliste. Une envie à laquelle j'ai dû renoncer, car je n'ai pas un cœur de sportif. Qu'à cela ne tienne, je deviendrais chef d'orchestre. La musique est depuis toujours l'une de mes grandes passions. Ou bien je ferais de la politique pour changer le monde…

Finalement, alors que je me dirigeais bien plus certainement vers des études plutôt littéraires, je me suis retrouvé en "math élém", la terminale scientifique de l'époque. Paradoxalement, c'est durant cette année, en cours de philosophie, que je fis une rencontre qui devait bouleverser ma vie.

Pour les besoins du cours de philosophie, qui traitait du temps, je me suis mis à lire le petit livre d'Albert Einstein, *La Théorie de la relativité restreinte et générale*. J'y vis une capacité à remettre tout en cause et à ne croire rien ni personne sur parole qui m'enthousiasma. La façon de penser, la méthode de travail qu'Einstein préconisait, les résultats qui en découlaient : tout me sembla extraordinaire. Dans cet ouvrage qui se présente comme un essai de vulgarisation très sérieux, Einstein commence par se demander ce qu'est le temps. À la première lecture, on est surpris de sa prudence, de ses précautions, du caractère élémentaire de sa démarche. Que veut dire mesurer la durée d'un événement ? Cela signifie prendre un chronomètre, appuyer sur le bouton lorsqu'on voit l'événement commencer et le déclencher à nouveau lorsqu'on le voit se terminer. En reprenant, les choses à la base, quitte à paraître naïf, en osant remettre en cause l'immanence du temps, Einstein peut réfléchir à la notion de simultanéité et résoudre des paradoxes de la physique de l'époque. La première surprise passée, j'ai trouvé cela génialissime. J'étais fasciné par cette attitude d'incrédulité et cet esprit iconoclaste qui le poussent à des remises en cause radicales devant lesquelles il ne recule jamais. Abasourdi par la puissance de la pensée, j'avais trouvé ma voie : je réfléchirais à la connaissance d'un point de vue épistémologique !

Ce déclic m'a conduit à travailler sérieusement. Je me suis retrouvé en classe préparatoire scientifique, mais avec l'idée de faire tôt ou tard de la philosophie. Même si je ne voyais pas très bien comment y parvenir, j'étais sûr de mon goût pour cette discipline : je voulais faire des sciences pour faire de la philosophie. Et plus précisément de la physique, car après avoir lu Einstein, j'étais persuadé que c'était uniquement en faisant de la physique qu'on se confrontait aux vrais problèmes sur la nature de la connaissance. Malheureusement, l'enseignement de la physique en classe préparatoire ne m'a pas plu du tout. Je n'en comprenais pas les raisonnements. Comme pour les mathématiques lorsque j'étais au collège, j'avais l'impression que l'on m'assénait des vérités que je devais accepter sans broncher. À l'inverse, les mathématiques m'ouvraient de nouvelles perspectives. Je découvrais notamment l'algèbre linéaire*, où l'on pouvait manipuler 24 dimensions aussi bien que 3. Je trouvais cela formidable.

Plus à l'aise en mathématiques qu'en physique, j'entrai à l'École normale supérieure de Saint-Cloud où je poursuivis donc un cursus de mathématiques. Je pensais revenir un jour à la physique. Quelques années plus tard, ma thèse de 3e cycle en poche, je me dis qu'il serait temps que j'assouvisse enfin cette envie. Je connaissais Paul Couderc, un astronome que mes grands-parents avaient rencontré pendant la Seconde Guerre mondiale en Ardèche. Il m'avait fait découvrir le ciel lorsque j'étais enfant et m'avait donné envie d'être astronome (j'ai omis cette vocation !). Comme je lui faisais part de mon désir de devenir physicien, il m'invita à aller voir de sa part Francis Perrin, éminent physicien qui était alors haut-commissaire du Commissariat à l'énergie atomique (CEA). Je pris donc rendez-vous, mais avant de m'y rendre, je me suis mis à douter. Voulais-je vraiment faire de la physique ? Je me suis alors rendu compte que l'exigence du questionnement d'Einstein que j'admirais tant, cette liberté de jugement que je revendiquais, était à la base même des mathématiques. Finalement, je ne suis pas allé à ce rendez-vous. »

Le cursus

« En 1966, à l'issue des années de classe préparatoire, était venu le temps des concours aux grandes écoles. J'avais exclu d'entrer dans une école d'ingénieur et même à l'École polytechnique en raison de convictions antimilitaristes. Restaient les écoles normales supérieures, dévolues à la recherche, et qui offrent l'avantage d'assurer une rémunération à leurs élèves. À défaut de pouvoir en intégrer une (Ulm ou Saint-Cloud), je pourrais toujours, m'étais-je dit, devenir surveillant dans un lycée pour payer mes études — ma situation familiale me l'imposait. J'échouai finalement au concours d'Ulm, mais réussis celui de Saint-Cloud.

Après l'agrégation de mathématiques, je me suis dirigé vers un DEA d'algèbre (master 2 aujourd'hui). Pourquoi l'algèbre* ? Bien que je ne puisse pas dire exactement ce que veut dire "être algébriste", je me ressentais comme tel. L'algèbre a pour moi quelque chose de rassurant. La recherche des structures et l'étude des grandes constructions de la théorie des groupes me passionnent. Bien sûr, en algèbre comme dans les autres domaines des mathématiques, l'intuition, l'imagination et l'inventivité jouent un rôle de premier plan, mais les groupes sont des objets bien déterminés, des structures solides que l'on peut étudier en les regardant sous de multiples angles. Je vais jusqu'à dire que dans ce domaine, les mathématiques sont une science expérimentale : on y étudie des objets qui ne sont pas une construction mentale, mais qui existent tels qu'ils sont, de même que les nombres premiers sont premiers sans que vous ne puissiez rien y changer. Vous pouvez toujours essayer de rassembler 13 allumettes en paquets égaux, vous n'y arriverez pas ! À un niveau plus élaboré, les groupes, c'est la même chose : ils sont là tels qu'ils sont et quoi que vous fassiez, vous n'y changerez rien. L'analyse a pour moi un aspect plus mouvant et inquiétant, moins structuré, moins construit, qui ne satisfait pas en tout cas un certain besoin d'harmonie que je cherche dans les objets qui m'intéressent.

En DEA, je voulais travailler avec Claude Chevalley, un des grands algébristes du XXe siècle. Avant d'accepter de diriger les travaux d'un étudiant, Chevalley lui faisait passer un examen oral, qui prenait place au sein des murs de l'Institut Henri-Poincaré que j'ai dirigé. C'était terrifiant, il nous cuisinait pendant une heure sur tous les sujets de mathématiques. Finalement, il m'a admis comme son étudiant. Ensuite, plusieurs événements ont bouleversé les choses : ma première fille est née, à peu près en même temps que les événements de Mai 68. Je dois confesser que les études ou les mathématiques ne furent plus ma préoccupation principale.

L'année se conclut tout de même. Le DEA et l'agrégation obtenus, je devais passer à la thèse et naturellement je sollicitai Chevalley pour un sujet. "Ce qu'on fait le mieux, c'est ce qu'on a envie de faire : choisis donc ton sujet !" Il me conseilla cependant d'aller voir Jean-Pierre Serre, qui avait selon lui "toujours de bonnes idées". Peut-être que quelques années plus tard, j'aurais été très impressionné d'aller trouver Serre, l'un des plus grands mathématiciens du siècle (entre autres médaille Fields* 1954, médaille d'or du CNRS 1987, prix Wolf 2000, prix Abel* 2003), mais pas à cette époque. Je vais donc voir Serre qui me dit : "La meilleure façon de se mettre au travail, c'est de prendre un article qui vient de sortir, de l'étudier, de le comprendre à sa façon, de le réécrire." Et Serre m'a donné un article où était présenté un nouveau groupe fini simple, un objet tout à fait merveilleux… »

L'apport aux mathématiques

Les groupes finis

« Un groupe est l'ensemble des transformations qui conservent un objet, une structure, un ensemble de règles, etc. En quelque sorte la théorie des groupes est l'étude des symétries, des invariants, des immanents et de l'harmonie des objets. Un groupe fini est un groupe qui a un nombre fini d'éléments, pardi ! Le groupe du cercle, groupe des transformations qui conservent le cercle, est infini : il contient toutes les rotations ayant pour centre le centre du cercle et toutes les symétries par rapport aux diamètres. Le groupe du pentagone régulier est un groupe à 10 éléments, formé de l'identité, de 4 rotations et des 5 symétries par rapport aux axes de symétrie du pentagone : un groupe fini.

Au début des années 1970, on était en train de classifier les groupes finis simples et on en découvrait sans cesse de nouveaux. John Horton Conway, mathématicien anglais connu du grand public pour avoir inventé le jeu de la vie*, venait de découvrir le groupe des automorphismes* d'un fantastique réseau de dimension 24. Un groupe qu'on baptisa alors le groupe de Conway.

Serre m'avait engagé à étudier l'article de Conway dans lequel il décrivait ce groupe étonnant (d'ailleurs lié aux empilements de sphères) dont il établissait les propriétés exceptionnelles. Contrairement (ou plutôt en complément) aux talents et aux penchants de Conway, bien conformes à la tradition anglo-saxonne, j'ai cherché ce qu'il y avait de général dans ce groupe, où l'on pouvait trouver des situations analogues. Bref, je me suis attaché à montrer que son cas n'est pas unique. J'ai eu du mal, car ce groupe est assez unique… mais je suis tout de même parvenu à mettre en évidence des généralités. Par exemple, j'ai exhibé des séries infinies* de réseaux et de groupes qui ont un comportement analogue à celui du groupe de Conway.

Ce travail a constitué ma thèse de 3e cycle et j'ai continué à publier durant trois ans sur ce sujet. Son intérêt était de mêler plusieurs aspects des mathématiques : les formes quadratiques* entières, liées à l'arithmétique, les codes correcteurs d'erreurs, qui émanent de la théorie du codage en informatique, et la théorie des groupes finis. Bien que ce travail ait été enrichissant, je m'y sentais un peu seul : à part Serre, personne vraiment ne s'intéressait alors à ces questions (la mode des codes correcteurs d'erreurs et des empilements de sphères est venue plus tard). Chevalley m'a alors proposé d'étudier les représentations modulaires, qui étaient plus "au cœur" de l'activité de recherche. »

Des représentations modulaires des groupes finis aux propriétés des groupes algébriques

« Je me suis donc mis à travailler sur les représentations modulaires des groupes finis, une théorie qui avait été initiée dans les années 1930 par Richard Brauer. Ma thèse d'État a intégré le premier travail suscité par le groupe de Conway (formes quadratiques entières, codes, fonctions thêta) et a aussi consisté à établir un certain nombre de résultats techniques sur ces représentations. Là encore, Serre a été étroitement associé à ce travail. D'ailleurs, j'étais constamment en porte-à-faux entre Chevalley et Serre, tous deux de caractères très différents. Chevalley poussait à une rédaction s'appuyant sur un maximum de formalisme et de généralités. Serre était moins formel, j'ai envie de dire "plus élégant", plus léger. Parfois, en lisant ce que j'avais écrit sur les conseils de Chevalley, il protestait avec véhémence : "Mais non, vous ne pouvez vraiment pas présenter les choses ainsi !" Pour m'en sortir, je rapportais sa réaction à Chevalley qui approuvait parce que, disait-il, "Serre a toujours raison".

Si les représentations modulaires des groupes finis ont été un sujet central dans ma carrière, elles m'ont aussi entraîné dans d'autres directions. Parmi les groupes finis, il y en a de plus familiers que d'autres qu'on appelle les groupes de Lie. Leur origine est dans l'analyse*, la géométrie et le calcul différentiel. Depuis les travaux de Chevalley et de Jacques Tits, dans les années 1950, on savait définir des groupes de Lie sur tous les corps, en particulier sur les corps finis, des corps qui ont un nombre fini d'éléments (contrairement aux corps des nombres réels ou des nombres complexes qui sont infinis), découverts par Évariste Galois (1811-1832). Tout naturellement, je me suis alors mis à tester les intuitions et les conjectures* que m'inspiraient les groupes "abstraits" sur le cas particulier des groupes de Lie. Ces groupes ont l'avantage d'être reliés à beaucoup d'autres branches des mathématiques. Du coup, les conjectures que j'avais formulées dans le cadre abstrait des groupes finis sont devenues beaucoup plus précises et plus géométriques. Par exemple, ces travaux m'ont amené à m'intéresser au groupe des tresses, une formalisation mathématique de ce que sont les tresses dans la vie courante.

Au cours de ces travaux, j'ai pressenti l'existence d'objets qu'on ne connaît pas encore, mais dont on perçoit l'ombre. Un peu comme si ces groupes que l'on étudie n'étaient que la partie émergée d'un iceberg gigantesque. Il y a tellement de symétries et de choses extraordinaires dans ce petit bout de glace visible, qu'il doit y avoir des choses fantastiques au-dessous. Mais, précisément, on ne sait pas encore regarder dessous. On ne dispose pas des outils pour lever l'iceberg au-dessus de la surface de l'eau… Avec quelques collègues et amis, nous avons accumulé des données numériques absolument extraordinaires contenant des coïncidences qui ne peuvent pas être dues au hasard. Ces "coïncidences" doivent ainsi correspondre à des propriétés d'un objet mathématique nouveau qu'on ne sait pas définir, un objet qui généraliserait la notion de groupe algébrique. C'est très excitant. J'aimerais vivre assez longtemps pour voir apparaître cet objet… »

Un mathématicien engagé

« Pour moi l'engagement politique et les mathématiques sont indissociables. À partir de 1968, j'ai été initié au trotskysme au côté de Lionel Jospin et je reste fidèle aux valeurs de gauche. En 1974, avec

Laurent Schwartz, Henri Cartan et le mathématicien américain d'origine lettone Lipman Bers, nous avons créé le Comité des mathématiciens pour venir en aide aux mathématiciens détenus pour des raisons politiques. Cette organisation informelle s'est d'abord saisie des cas de deux mathématiciens détenus en URSS, Leonid Plioučhtch et Andrei Chikhanovitch. Je me souviens de mon émotion lorsque j'ai accueilli Plioučhtch à la frontière autrichienne en janvier 1976, suite à sa libération des geôles psychiatriques soviétiques. Un certain nombre d'autres libérations ont suivi comme celle de José Luis Massera, communiste incarcéré dans une prison uruguayenne, ou de Sion Assidon, qui croupissait dans une prison marocaine. Un bon nombre de mathématiciens a été libéré, mais beaucoup sont encore en prison ou sont morts, comme Ibni Oumar Mahamat Saleh, un mathématicien qui avait fait ses études à Orléans, militant tchadien des droits de l'homme qui aurait été supprimé par le régime de N'Djamena début 2008. »

Les figures marquantes

« Rencontrer Laurent Schwartz a été l'une des grandes chances de ma vie. À l'âge de 15 ans, j'ai découvert l'atrocité de la torture en Algérie à travers les articles qu'il avait écrits et cela m'a bouleversé. Il a d'ailleurs été révoqué de l'École polytechnique pour avoir signé en 1960 (avec, par exemple et entre autres, André Breton, Simone Signoret, Pierre Boulez – s'en souvient-on ?) le "Manifeste des 121", appelant à l'insoumission, et n'a été réintégré qu'en 1963. J'étais fasciné par son engagement politique. Étudiant, j'ai suivi ses enseignements à l'École polytechnique. Il avait un sens de la mise en scène et un sens de l'humour qui faisaient de ses cours de véritables bijoux. Il était un peu prestidigitateur : lorsqu'on assistait au cours, on trouvait cela absolument lumineux, mais une heure après, en y repensant, cela ne paraissait plus aussi évident que cela… Laurent

Schwartz en cours reste un souvenir inoubliable. Plus tard, j'ai eu le bonheur et l'honneur de devenir son ami. Nous sommes restés très proches jusqu'à sa mort. Sa personnalité hors du commun, ses qualités de droiture et de rigueur, de générosité et d'humanité en ont fait une référence pour plusieurs générations de scientifiques et de militants.

Jean-Pierre Serre reste évidemment une de mes références et je le vois encore très régulièrement. Non seulement j'ai suivi ses cours, mais c'est lui qui, souvent, sans en avoir l'air, a orienté mes recherches. Alors que j'étais thésard, il m'a d'ailleurs pris comme assistant dans le cours qu'il donnait à Paris VII. Mais je ne suis pas le seul à avoir bénéficié de son enseignement : il a formé des centaines de mathématiciens. Un homme d'une grande générosité, avec une culture et une connaissance des mathématiques inouïes. Cette profondeur de champ lui permet d'avoir des visions très différentes du même problème. Du coup, il parvient à faire des liens là où d'autres n'en voient pas. C'est l'une de ses forces. On est surpris de ses idées, puis on se dit "mais, c'est bien sûr !". La capacité à surprendre par ce qui apparaît comme des évidences est la marque des très grands mathématiciens.

Je dois mentionner deux autres mathématiciens éminents parmi mes rencontres décisives : Claude Chevalley et Henri Cartan. Chevalley a été mon directeur de thèse et nos relations ont toujours été excellentes. J'ai beaucoup appris à son contact. C'était un homme d'une personnalité rigoureuse, très originale et attachante. Henri Cartan, qui est mort en 2008, à l'âge de 104 ans, a été le père et l'organisateur des mathématiques françaises d'après-guerre. J'ai eu la chance de l'avoir pour professeur en maîtrise, puis ensuite de le fréquenter assidûment pendant des années, lors de notre militance commune au Comité des mathématiciens. Dans sa vie, dans son expression, dans ses mathématiques, Cartan était l'image même de la précision et de la rigueur, autant en ce qui concerne la ponctualité que l'honnêteté morale et intellectuelle. Je ne pourrai mieux le définir que comme un magnifique horloger de la vie. Une très grande figure morale. »

Les Thibault (1922-1940), Roger Martin du Gard

« Si mes grandes émotions sont très souvent musicales, l'œuvre à laquelle je pense le plus souvent est sans conteste ce magnifique roman fleuve de Roger Martin du Gard. Découvert lorsque j'avais 15 ans, ce livre m'a marqué pour la vie. Même aujourd'hui, je ne peux pas réagir à la Première Guerre mondiale sans penser à la boucherie qui y est décrite et à la mort des deux frères Jacques et Antoine Thibault. Cela me fait horreur et m'indigne profondément. Sans doute le dois-je autant au roman qu'au fait que mes deux grands-pères ont fait cette guerre. Longtemps après cette lecture, je me suis imaginé en Jacques Thibault allant distribuer des tracts pacifistes sur le front. »

Regard sur la discipline

« L'enseignement est nécessaire à mon bien-être de mathématicien. C'est pour moi un moyen de garder le contact avec les jeunes. Je ne comprends jamais autant et aussi bien que lorsque j'enseigne. Je reviens par exemple de Berkeley où j'ai fait un cours sur plusieurs semaines, que j'ai de plus rédigé. Cela m'a demandé beaucoup de travail, mais j'adore et j'apprends énormément en préparant des cours.

S'agissant de l'enseignement des mathématiques dans le secondaire, je crains qu'il ne cherche souvent qu'à cultiver des automatismes. Ainsi, pour une épreuve comme le baccalauréat, on demande aux élèves de savoir construire des courbes avec des exponentielles* ou des logarithmes* et puis on en reste là. Autrement dit, on leur demande de n'être que de "bons élèves" au sens péjoratif du terme : des élèves obéissants qui appliquent des règles sans réfléchir. Or, s'il est un domaine qui peut inculquer la liberté au sens noble du terme, la liberté d'aller se frotter aux règles, de se confronter aux contraintes, c'est bien les mathématiques. Un élève peut avoir raison contre son professeur et le prouver. Quelle autre matière offre cette possibilité ?

Plutôt que d'en faire un moyen d'apprentissage de la liberté, on réduit les mathématiques à un rôle de sélection, au prétexte que les résultats seraient facile à évaluer. Là où elles devraient laisser place à l'imagination, les mathématiques ne sont que contraintes et devoir d'obéissance. On demande d'avaler des résultats sans les comprendre. Pourtant, un enseignant qui arrive à s'affranchir un peu des règles, qui fait des démonstrations devant ses élèves, ne peut que susciter leur intérêt. Car faire une démonstration, c'est faire l'effort de convaincre et donc manifester du respect aux élèves.

Dans l'enseignement supérieur, le système des grandes écoles pose un autre problème. Laurent Schwartz critiquait ce système "typiquement français, où les meilleurs étudiants ne rencontrent jamais les meilleurs chercheurs". Par là, il voulait dire que les élèves qui sont dans les grandes écoles, sélectionnés par les classes préparatoires, ne rencontrent jamais la recherche de pointe, celle qui se fait à l'université. C'est un système aberrant qui explique en grande partie les échanges insuffisants et la méfiance réciproque entre l'industrie et l'université. En simplifiant à l'extrême, les dirigeants des grandes entreprises viennent des grandes écoles et méprisent l'université, car ils ne savent pas ce qui s'y fait, alors que globalement la recherche dans les grandes écoles n'est pas d'un bon niveau. Tant qu'on ne sortira pas de ce système absurde, les grandes écoles continueront de monopoliser l'essentiel du soutien financier et politique. Quant à l'université, outre la sortir de sa misère générale, il faut y régler le problème de la sélection : on oppose une sélection maximale d'un côté à une absence de sélection de l'autre : je pense qu'il faudrait rapprocher universités et grandes écoles.

En ce qui concerne la recherche, les mathématiciens français ont su s'organiser, lier l'enseignement à la recherche. La santé de l'école mathématique française témoigne de cette réussite. Toutefois, il ne faut pas s'endormir sur nos lauriers, car le recrutement est en chute libre. En 2009, nous avons recruté six jeunes mathématiciens au CNRS pour toute la France, toutes mathématiques confondues. En l'absence d'un plan pluriannuel de créations d'emplois, on est à la merci des évolutions des départs en retraite, ce qui peut donner des périodes de vaches maigres. Or, nous vivons justement une période où les départs sont nombreux. Par ailleurs, on observe une volonté de resserrer les financements sur des thématiques prioritaires, dont les mathématiques font rarement partie. On risque l'implosion. Je n'aimerais pas qu'il arrive en France ce qui s'est passé en Russie où, il y a quelques années, le nombre de mathématiciens a été divisé par quatre, faisant perdre à l'école mathématique russe son aura mondiale. Il nous faut nous battre. »

PRINCIPAUX OUVRAGES

Groupes finis, avec Anne-Marie Aubert et Jean Michel, Éditions de l'École polytechnique, 2001. Ouvrage technique sur les groupes finis, présents partout dans la nature à travers les invariances et les symétries.

À consulter

www.mediapart.fr/club/blog/michel-broue : Le blog de Michel Broué où il relate ses engagements.

people.math.jussieu.fr/~broue/ : La page personnelle de Michel Broué, avec sa devise « *In Gauss we trust* ».

4.

Karine Chemla

Née au milieu de professeurs de mathématiques, elle se forme naturellement à cette discipline avant de s'orienter vers l'histoire des sciences. Spécialiste de l'histoire des mathématiques, tout particulièrement en Chine ancienne, cette chercheuse au CNRS tente de comprendre les liens qui unissent les mathématiques aux cultures au sein desquelles elles se développent. Son but est d'élucider comment des concepts, des résultats et des théories mathématiques, par essence toujours élaborés dans des groupes humains donnés, circulent et deviennent largement partagés.

1957

Naissance à Tunis

1976

Entrée à l'École normale supérieure de Sèvres

1978

Agrégation de mathématiques

1981

Premier voyage en Chine

1982

Thèse de 3e cycle et entrée au CNRS

2001

Directrice de l'unité REHSEIS (Recherches épistémologiques et historiques sur les sciences exactes et les institutions scientifiques)

2004

Publication, avec Guo Shuchun, de l'ouvrage Les Neuf Chapitres

2008

Médaille d'argent du CNRS

La vocation

« Je ne parlerai pas de vocation : étant née dans un milieu de professeurs de mathématiques, j'ai eu une inclination naturelle pour cette discipline. Ma famille comptait plusieurs enseignants de mathématiques : ma mère et ses deux frères professaient cette matière au lycée. Dans les années 1970, la réforme qui introduisit les mathématiques modernes suscita à table de longues discussions sur le contenu des nouveaux programmes, sur les concepts et sur la manière d'enseigner les mathématiques. Avocat, mon père était très éloigné de ces préoccupations. Je lui dois cependant le goût de la lecture fine des textes et de leur interprétation. Ce qui m'est plus qu'utile aujourd'hui dans mon travail d'analyse des textes de mathématiques. En devenant historienne de cette discipline, je suis donc parvenue en quelque sorte à une synthèse de ce double héritage familial.

Ma scolarité s'est poursuivie normalement jusqu'en terminale, où les cours de philosophie ont fortement intensifié mon intérêt pour les mathématiques. Une partie du cours portait sur la philosophie des sciences et la lecture des ouvrages qu'on nous recommandait pour préparer nos dissertations m'a ouvert les yeux sur la profondeur et la subtilité des mathématiques. Je me souviens encore de l'intérêt qu'a éveillé en moi la lecture de *L'Axiomatique* de Robert Blanché. Il ne fait aucun doute que, sans ce nouvel éclairage, ma passion pour les mathématiques ne se serait pas développée de la même manière. Avant ces cours de philosophie, j'éprouvais certes beaucoup de plaisir à faire des mathématiques, j'appréciais la beauté de certaines démonstrations. Mais la philosophie a transformé ce penchant en réelle passion.

Après cette année de terminale, il était donc naturel que je poursuive dans cette voie et me tourne vers les mathématiques. Mais je ne m'étonne pas aujourd'hui du fait que, lorsque j'ai eu l'occasion de choisir librement un projet de recherche, je me suis orientée vers un champ qui permettait de concilier mathématiques et philosophie. »

Le cursus

« Je sais que cela pourra paraître bizarre, mais j'ai traversé la période des classes préparatoires avec beaucoup de plaisir. Je faisais des mathématiques, ce qui n'était pas pour me déplaire. Mais je ne me limitais pas à ça ! J'étais également au premier rang des organisateurs de tout ce que le lycée comptait comme activités dansantes (clubs quotidiens, nuits blanches...). Cette période ne m'a donc pas paru effrayante et j'en garde un souvenir agréable. J'admets que c'est une chance que j'ai eue. Je la dois au fait d'avoir été portée de part en part par mon amour des mathématiques. Au cours de mes études, j'ai constaté que beaucoup de ceux qui avaient choisi d'en faire n'avaient pas forcément un goût prononcé pour cette matière : cela m'a toujours beaucoup surprise. Entrée à l'École normale supérieure de jeunes filles, à Sèvres, en 1976, j'ai suivi des études de mathématiques standard : maîtrise, agrégation, puis DEA en théorie ergodique*. Je souhaitais m'orienter vers les biomathématiques*. Après une enquête sur l'état de cette discipline, je m'étais convaincue qu'en travaillant sur les systèmes dynamiques, je me mettais en bonne position pour contribuer par la suite à ce champ de recherche. C'est donc également dans ce domaine que j'ai entamé une thèse, entre Paris et Bruxelles, où l'équipe de Ilya Prigogine tentait de développer des méthodes mathématiques et physiques pour aborder des phénomènes spécifiques du vivant. J'étais sur une voie bien balisée qui devait me mener au métier de chercheuse en mathématiques, lorsqu'un jour de novembre 1979 un coup de téléphone en a décidé autrement.

Ce coup de téléphone émanait de Josiane Serre, la directrice de l'École normale supérieure de Sèvres, épouse du célèbre mathématicien Jean-Pierre Serre. Elle m'appelait pour me suggérer de présenter ma candidature à une bourse de voyage lointain de la Fondation Singer-Polignac, une fondation qui se consacre au mécénat culturel. Si je n'avais pas reçu ce coup de fil, je ne crois pas que j'aurais même pensé à m'interrompre sur ma lancée pour candidater à cette bourse. Mais le fait que la directrice prenne la peine de m'appeler pour m'inviter à y réfléchir m'a fait jouer quelques heures avec cette perspective. Au bout de deux heures de réflexion, j'ai décidé de présenter ma candidature avec un projet portant sur les relations entre science et culture. Il ne fait pas de doute pour moi que ce projet m'a été inspiré par l'environnement intellectuel que j'avais commencé à découvrir dans l'équipe de Prigogine. Après avoir choisi de me pencher sur science et culture, la question se posait de savoir où aller : il me fallait trouver un pays – à mes yeux de l'époque ! – à la fois relativement isolé et héritier d'une histoire assez longue. C'est ainsi que, dans la foulée et sans réfléchir beaucoup plus, j'ai opté pour la Chine et que je me suis retrouvée embarquée dans une direction qui devait rester la mienne jusqu'à aujourd'hui.

Au départ, je considérais ce voyage en Chine comme une simple interruption de ma thèse de mathématiques et comme une opportunité de réfléchir un temps aux relations entre science et culture. Je reconnais aujourd'hui bien volontiers que mon projet initial était bigrement flou : je voyais cela un peu comme une année de vacances. Or, j'ai eu rétrospectivement la chance qu'en 1980 l'ambassade de Chine n'accorde pas de visa à des personnes qui voulaient ainsi aller se promener en Chine sans projet concret. En raison de cette difficulté et pour réaliser mon idée envers et contre tout, je l'ai transformée en projet d'étudier l'histoire des mathématiques en Chine.

Petit à petit, avant de partir, j'ai pu bâtir un véritable programme d'études. De fil en aiguille, par le hasard de tout un ensemble de rencontres, j'ai eu la chance absolument unique de pouvoir aller en Chine dans un institut où l'on avait mis sur pied, pour moi et pour moi seule, un programme d'études sur l'histoire des mathématiques en Chine !

C'est ainsi que le 6 avril 1981 j'arrivais par le train à Pékin et que je me retrouvais dans cet institut d'histoire des sciences, seule – et première – étudiante étrangère avec, pour professeurs particuliers, cinq chercheurs chinois qui figuraient parmi les meilleurs de leur génération et qui s'étaient vu assigner comme tâche de me former… La chance a continué à marquer mon chemin sous un jour qui paraîtra peut-être moins évident : ils ne parlaient que le chinois. Certes, voyant le tour que prenaient les choses, j'avais attrapé quelques livres et j'avais commencé à étudier la langue, mais malgré les six mois d'apprentissage personnel des caractères avant de partir, j'étais, à mon arrivée, dans l'incapacité de former une phrase ou d'en comprendre une. Vu les circonstances, je n'avais pas d'autre choix une fois en Chine que d'apprendre le chinois à bride abattue. J'avais 24 ans. Au contact des livres et des chercheurs de l'institut, j'ai aussi beaucoup appris sur l'histoire des mathématiques. Cette immersion a été décisive, même si j'étudiais alors l'histoire des mathématiques en dilettante et par simple plaisir, n'ayant pas encore conçu l'idée que cela pourrait constituer mon activité professionnelle future.

Autre hasard des rencontres, Jean-Pierre Bourguignon, un géomètre du CNRS de passage à Pékin, avait entendu parler de moi par l'ambassade et demanda à me voir. Lors de cette entrevue, il m'apprit que la Commission de mathématiques du CNRS venait de rédiger un rapport de prospective dans lequel elle mentionnait l'importance de développer l'histoire des mathématiques chez les mathématiciens. J'ai été sidérée, à la fois de cette rencontre inattendue en Chine et de cette information. Lorsque je lui ai demandé s'il pensait que ce que je faisais en Chine pouvait mener en mathématiques au CNRS – ce qui était mon objectif bien avant cette escapade –, il m'a répondu : "Certainement, mais à condition d'avoir une thèse." J'étais encore loin de me douter que ce jour-là, ma vie venait de prendre un tour nouveau.

Mon intention initiale était d'écrire un article sur ce que j'avais étudié en Chine, de retourner en France et d'achever la thèse entamée en biomathématiques. Ensuite, pensais-je, avec ces deux cordes à mon arc, je me présenterais au CNRS. Je commençai donc l'article sur l'histoire des mathématiques en Chine, et, contre toute attente, je fus emportée par mon élan. Arrivée à la page cent (!) sans avoir achevé, je me rendis compte que je n'écrivais pas un article mais quelque chose de plus important : j'ignorais encore que j'avais rédigé une bonne partie de ce qui allait devenir ma thèse. Je pliai dare-dare mes bagages et rentrai en France, non sans avoir justifié mon année de vacances par un parcours d'un mois en Chine, qui devait me mener à Hong-Kong en passant par Wuhan, Shanghai, Suzhou, Hangzhou et Canton.

À mon retour en France, je rencontrai lors d'un séminaire le mathématicien Christian Houzel, qui s'intéressait beaucoup à l'histoire des mathématiques. Jean-Pierre Bourguignon, encore lui !, lui avait parlé de moi et il me proposa de me faire faire une thèse de mathématiques sur la base des recherches que j'avais menées en Chine. C'est ainsi que, sans l'avoir prévu, je me retrouvai à achever une thèse sur un sujet totalement différent de celui sur lequel je l'avais commencée ! Durant mon séjour en Chine, j'avais étudié un traité chinois du XIIIe siècle, dont j'ai traduit le titre par *Reflets des mesures du cercle sur la mer*. Écrit en 1248 par Li Ye, cet ouvrage expose une manière d'utiliser des polynômes et le calcul qu'on peut conduire avec eux pour établir des équations en vue de résoudre un problème. Mon analyse a porté sur des aspects mathématiques de ce traité, mais aussi sur l'emploi, en Chine, dans le contexte d'une activité mathématique, de techniques d'écriture dont certaines étaient assez usuelles et d'autres inédites. J'ai ainsi montré que ce traité exprimait des connaissances d'une manière inhabituelle pour le lecteur lambda et qu'on ne pouvait dégager l'exposé de ces connaissances qu'en recourant à des techniques de lecture singulières.

La biographie de l'auteur nous apprend que Li Ye était un érudit qui refusa de servir l'envahisseur mongol et se retira sur une montagne dans le Hebei. Là, au milieu d'autres ermites qui, comme lui, avaient déserté les sphères de la bureaucratie mongole, il avait, entre autres choses, écrit cet ouvrage. Son texte est le plus ancien à avoir survécu portant sur une forme de calcul algébrique dont on sait qu'elle s'est développée en Chine entre le XIIe et le XIIIe siècle.

Dans la foulée, en octobre 1982, j'ai soutenu ma thèse et je suis entrée au CNRS dans la section de mathématiques. C'est en 1984 que j'ai rejoint l'unité REHSEIS (Recherches épistémologiques et historiques sur les sciences exactes et les institutions scientifiques), qui venait d'être créée grâce aux efforts conjugués de Roshdi Rashed, Christian Houzel et Michel Paty. Au sein de ce laboratoire, que j'ai dirigé ces dernières années, j'ai effectué toutes mes recherches sur l'histoire des mathématiques en Chine aussi bien qu'ailleurs. »

L'apport aux mathématiques

La Chine dans l'histoire internationale des mathématiques

« Tout d'abord, je tiens à préciser que je n'aime pas parler de "mathématiques chinoises". D'une part, il n'y a pas de variante particulière des mathématiques qui serait "chinoise". D'autre part, il y eut en Chine divers collectifs humains qui ont utilisé et développé des mathématiques pour des fins qui leur étaient propres et de façon qui leur était propre. On peut penser aux fonctionnaires qui ont travaillé aux finances de l'État, à ceux qui ont œuvré au sein du Bureau d'astronomie, aux marchands, etc. C'est pourquoi je préfère parler de mathématiques en Chine, comme de mathématiques en Grèce, etc. Ce qui importe pour moi, c'est de constater qu'entre ces divers milieux, comme entre différentes zones de la planète, les connaissances circulaient.

Mon objectif n'a jamais été d'étudier la Chine pour elle-même. À la manière d'un François Jullien (sinologue français), j'ai toujours pensé qu'en allant étudier les mathématiques en Chine, j'y trouverais des matériaux susceptibles d'inspirer des questions nouvelles sur les mathématiques en général. C'est la raison pour laquelle, à côté de mes travaux sur la Chine, j'ai toujours gardé un intérêt pour les mathématiques en Europe aux XVIIIe et XIXe siècles et analysé des sources en arabe ou en akkadien, pour citer quelques exemples.

Bien sûr, l'une de ces questions générales, c'est de comprendre comment les connaissances mathématiques qui sont les nôtres aujourd'hui se sont développées en intégrant des pratiques, des concepts et des résultats élaborés partout dans le monde et donc aussi en Chine. Il s'agit par là de savoir comment l'on peut insérer la Chine dans une histoire internationale des mathématiques. Souvent, quand on se représente l'histoire des mathématiques, on imagine une évolution linéaire qui va d'Égypte et de Babylone à la Grèce antique, puis à l'Europe en passant par le monde arabe. Or, les choses sont infiniment plus complexes. L'une des questions qui m'ont obsédées, c'est de comprendre les processus historiques par lesquels la Chine ou l'Inde se sont inscrites dans ce paysage. Du point de vue des mathématiques elles-mêmes, la difficulté consiste à comprendre comment elles se sont faites avec des apports divers élaborés partout dans le monde. Et cela pose des questions générales passionnantes.

Prenons l'exemple des équations quadratiques* – les équations de notre jeunesse, où l'inconnue est au carré. Si on lit rapidement les sources qui nous sont parvenues du passé, on constate qu'elles ont constitué un objet d'étude à Babylone, dans le monde arabe, en Inde, en Chine et en Grèce. On peut donc se demander comment il convient de se représenter le développement des connaissances à leur sujet. Tout d'abord, on constate une certaine continuité dans la manière dont ces équations ont été appréhendées – c'est-à-dire dans la manière de les résoudre – depuis Babylone jusqu'au monde arabe, chez le mathématicien Al-Khwarizmi (vers 783-vers 850). Pourtant, ces éléments de continuité ne peuvent masquer de réelles ruptures : ainsi, pour n'en citer que quelques-unes, chez Al-Khwarizmi, l'équation est objet à part entière et elle est l'énoncé d'une égalité. On peut donc la transformer, en tant qu'énoncé, en une autre égalité. Ce trait permet alors de constater que cette approche des équations distingue cet objet de l'équation telle qu'on l'a conçue et développée en Chine. Dans cette autre tradition de travail, on verra l'émergence de méthodes de résolution des équations algébriques de n'importe quel degré comportant des coefficients positifs, négatifs ou nuls, sur une période de temps allant du Ier siècle jusqu'au moins au XIVe siècle. Cette autre approche consiste à considérer les équations comme des opérations. Pour illustrer ceci de manière très simple, disons que poser $3x = 5$, par exemple, est une manière de voir cette équation comme l'énoncé d'une égalité. En Chine, l'équation a été plutôt considérée comme l'autre façon d'envisager cette relation, à savoir comme l'opération de division de 5 par 3 (qui produit la solution de l'équation). Ainsi, en Chine les équations quadratiques, les équations cubiques et au-delà se sont développées comme des opérations qu'on résolvait de façon numérique, de la même manière que l'on obtient le quotient chiffre à chiffre quand on pose une division. Or, le point clé ici, c'est qu'à partir du XIIe siècle au plus tard, on voit apparaître, dans certains traités arabes, une approche des équations, à l'instar d'opérations arithmétiques, absolument comparable à ce qu'on trouve en Chine. Pour moi, l'influence est claire. Par où cette influence est-elle passée ? Comment ce lien s'est-il fait concrètement ? Pour l'instant, je l'ignore, mais j'espère qu'on retrouvera un jour des documents arabes ou chinois qui aideront à le comprendre.

L'histoire internationale des mathématiques invite ainsi à constater, par comparaison, que des concepts mathématiques comme les équations, qui présentent aujourd'hui un visage unifié, ont pu, dans le passé, faire l'objet d'approches complètement différentes. Une partie de cette histoire consiste en l'étude de la rencontre de ces différentes approches et de leur articulation. Pourquoi cette approche différente des équations s'est-elle développée en Chine ? En histoire, il est toujours difficile et sans doute même impossible, de répondre à de telles questions. On peut émettre des hypothèses, établir des relations entre les faits. Toujours est-il qu'ici, on peut noter une corrélation entre cette manière de concevoir les équations en Chine et l'utilisation d'un instrument de calcul sur lequel on représentait les nombres à l'aide de baguettes et d'un système positionnel décimal. Plus précisément, on peut établir des liens entre la nature de l'objet équation et la manière de faire des mathématiques avec cette surface à calculer. Par de tels biais se pose la question fondamentale des liens qui unissent les résultats, les concepts élaborés par des collectifs humains donnés et les manières de pratiquer les mathématiques qu'ils ont mises au point. »

Recenser les diverses manières de faire des mathématiques

« La comparaison entre les différents visages que présentent un même concept et un même résultat mathématique dans différents contextes a occupé une grande partie de ma carrière. J'ai notamment étudié sous cet angle fractions, équations ou le théorème dit de Pythagore ("dit" car il semble qu'avant Pythagore, aussi bien que très loin de Grèce, on ait connu des énoncés comparables). Mais j'ai aussi travaillé sur l'histoire de différentes pratiques mathématiques, comme celle de la démonstration. Certaines de mes publications décrivent les démonstrations de la Chine ancienne ainsi que la manière dont il convient de les replacer dans une histoire internationale de la démonstration mathématique.

Plus largement, à côté de ce travail de comparaison, j'ai œuvré à reconstituer, dans l'ensemble de leurs dimensions, les diverses façons de faire des mathématiques dont les sources mathématiques témoignent. Ce projet de recension a fini par devenir au fil des ans l'un de mes sujets phares : comment restituer la manière dont les praticiens ont exploré et utilisé les mathématiques au sein des divers collectifs humains qui nous ont laissé des documents ? Point par point, en utilisant toutes les traces que je pouvais trouver, je suis parvenue à reconstituer la manière dont les praticiens de la Chine ancienne utilisaient la fameuse table à calculer dont je parlais plus haut, mais aussi les algorithmes, les démonstrations, les figures, etc. Ce qui m'intéresse, c'est de montrer les différences entre collectifs distincts – qu'ils se soient formés en Chine ou ailleurs – et de mettre par la même occasion en évidence le fait qu'il n'y a pas qu'une manière de faire des mathématiques.

Prenons le cas des figures. Naguère, lorsqu'on publiait un texte d'Euclide, on ne se souciait guère des témoignages des manuscrits grâce auxquels nous pouvons tenter d'approcher le texte tel qu'il fut rédigé il y a plus de deux mille ans. Pour les figures, on remplaçait purement et simplement les diagrammes du passé par des figures contemporaines, que l'on traçait soi-même. Cette manière de faire des philologues a insidieusement imposé l'idée que les pratiques des figures ont été immuables sur des millénaires. Or, lorsqu'on regarde de plus près, on se rend compte que des collectifs humains distincts ont employé les figures de façon différente et qu'ils les ont réalisées selon des conventions elles aussi très diverses. Par exemple, dans la Chine ancienne, jusqu'au IIIe siècle au moins, les figures étaient selon moi des objets matériels élaborés pour les besoins de la pratique mathématique. Par ailleurs, sur ces figures, ce ne sont pas les points qui étaient nommés, mais plutôt les surfaces, qui étaient marquées à l'aide de caractères ou de couleurs. Enfin, dans une des traditions qui se sont développées en Chine, on constate l'élaboration de figures fondamentales au sens où un tout petit nombre de telles figures suffirait à argumenter la correction de tout un ensemble de propositions. Qu'une figure mathématique ne fût pas forcément la même chose en Chine au IIIe siècle de notre ère et dans la pratique que j'avais moi-même apprise, voilà un résultat qui dans un premier temps ne manqua pas de me surprendre ! »

Abstraction ou généralité ?

« L'une des questions qu'un tel programme de recherche m'a amenée à poser concerne le statut de l'abstraction. Souvent, on considère *a priori* et sans autre forme de procès que l'abstraction est consubstantielle aux mathématiques. C'est sans doute vrai, mais peut-être d'une manière plus subtile qu'il n'y paraît. C'est la conclusion à laquelle j'ai été conduite, après quelques années de travail sur les textes chinois. En effet, je me suis rendue compte qu'en Chine ancienne on avait mis une autre valeur épistémologique au-dessus de l'abstraction : la valeur de généralité. Dans ce contexte, il était important d'obtenir des énoncés généraux, et même les plus généraux possibles, sans qu'ils doivent forcément être formulés de façon abstraite. Ce contraste m'a ainsi forcée à penser les liens entre abstraction et généralité sous un jour nouveau. Une fois le pas franchi, la chose devient assez évidente. On peut l'illustrer aisément à l'aide d'autres documents, comme le problème des 36 officiers, imaginé par Leonhard Euler en 1782 et en passe de devenir très célèbre du fait de ses liens avec le sudoku. Soit, nous dit Euler, 36 officiers qui proviennent de 6 régiments différents et qui ont chacun, au sein de leur régiment, un parmi 6 grades distincts. Comment disposer ces officiers dans un carré de manière qu'il y ait un officier de chaque grade et de chaque régiment, et un seul, dans chaque ligne et dans chaque colonne ? Ce problème n'est pas abstrait, mais cela n'entame en rien sa généralité. En 1901, le Français Gaston Tarry a fini par démontrer, au demeurant, qu'il n'avait pas de solution.

Ainsi, l'abstraction n'est pas dans tous les cas essentielle à la généralité : on peut viser la généralité sans recourir à l'abstraction. Les sources de la Chine ancienne m'ont obligée à distinguer ces deux valeurs, à réfléchir aux deux séparément avant de penser leur articulation. Ce n'est pas dire qu'en Chine il n'y a pas d'objets abstraits : triangles rectangles, opérations sur les nombres, etc., l'abstraction est aussi omniprésente… Mais les textes chinois nous aident à comprendre que la manière dont généralité et abstraction s'articulent n'est pas la même partout. »

Les Neuf Chapitres

« Les recherches qui ont certainement occupé la plus grande partie de ma carrière sont celles qui ont conduit à la publication avec mon collègue chinois Guo Shuchun d'une édition critique et d'une traduction en français des *Neuf Chapitres*, un ouvrage qui a joué un rôle fondateur en Chine et que j'ai découvert durant mon travail de thèse. Il s'agit du livre de pures mathématiques le plus ancien qui ait été transmis par la tradition écrite. Le simple fait qu'il ait été transmis témoigne du fait qu'il a été perçu comme un texte très important. En relation avec ce statut, *Les Neuf Chapitres* ont fait l'objet de commentaires, dont certains ont été sélectionnés dans la tradition écrite pour être eux aussi transmis avec l'ouvrage.

Ainsi, *Les Neuf chapitres* et ces commentaires ont été imprimés une première fois en 1084, mais cette édition a été perdue. Seuls cinq chapitres de la réimpression de 1200 sont parvenus jusqu'à nous. Par ailleurs, une encyclopédie impériale du début du XVe siècle intégrait l'ouvrage dans son ensemble. À mon sens, le texte original des *Neuf Chapitres* date des débuts de notre ère. Mis à part les livres transmis de génération en génération, on découvre également à présent en Chine des textes dans des tombes anciennes de plus de 2 000 ans qui sont fouillées aujourd'hui. C'est ainsi que l'on a retrouvé dans une tombe scellée au début du IIe siècle avant notre ère un manuscrit dont un certain nombre de parties présente des relations fortes avec *Les Neuf Chapitres*.

Dans ces ouvrages, les mathématiques se présentent sous la forme de problèmes et d'algorithmes. Décrire la manière de faire des mathématiques dont ces livres témoignent, c'est d'abord décrire les algorithmes : que font-ils, comment le font-ils, etc. C'est aussi comprendre ce qu'était un problème mathématique en Chine ancienne.

La compréhension de ce texte a exigé des recherches de longue haleine. Nous avons commencé notre travail commun en 1984. La traduction est parue en 2004. Vingt ans de labeur pour éditer le texte, le traduire, mettre au point des outils de description et établir la terminologie technique. Nous avons travaillé sous la contrainte de donner à lire cet ouvrage à un public francophone de manière la moins naïve possible. On comprendra aisément que lorsque cela a été terminé, j'ai éprouvé un grand soulagement. Ceci dit, j'ai eu beaucoup de chance, car cette publication a eu un certain écho. Des professeurs de mathématiques du secondaire m'ont écrit pour me dire combien ce livre était pour eux une mine pour leur enseignement. Après tant d'efforts, cela m'a fait très plaisir. »

Les figures marquantes

« Beaucoup de rencontres ont façonné ce que je suis aujourd'hui et je vais nécessairement être ingrate avec tous ceux que je serai contrainte de ne pas mentionner, faute de place. J'aime à me rappeler tout d'abord mon professeur de latin et de grec au lycée, Mme Hinard, qui a su si bien cultiver en nous le goût des textes. À l'École normale supérieure, j'ai gardé un souvenir délicieux des cours de mathématiques de Jean-Louis Verdier ou d'Adrien Douady, qui alliaient une pratique vivante à un strict égalitarisme – ce n'est pas le cas de tous les mathématiciens : en tant que femme, je peux en témoigner. Pour ce qui concerne les sciences humaines, j'ai eu la grande chance de rencontrer l'anthropologue Serge Pahaut, qui m'a tant appris, par dessus tout, peut-être, le goût de la rigueur en ce domaine. Je lui dois d'avoir complété très largement une formation qui avait été essentiellement mathématique. Enfin, le linguiste Jacques Virbel, qui travaille maintenant avec mon équipe, nous a ouvert de façon créative, mais rigoureuse, de magnifiques horizons pour traiter de façon nouvelle nos sources du passé.

Toutefois, il serait injuste de ne mentionner que des personnes, tant je suis également redevable aux divers livres que j'ai croisés sur mon chemin. Des livres de philosophie des mathématiques, comme celui de Robert Blanché évoqué plus haut. De magnifiques ouvrages de mathématiques, qui ont entretenu ma flamme pour cette discipline, comme *Méthodes mathématiques pour les sciences physiques* de Laurent Schwartz, un superbe livre qui m'a enthousiasmée pour son exposé des relations fructueuses que mathématiques et physique peuvent entretenir, ou *Algèbre géométrique* d'Emil Artin qui, en discutant des liens entre algèbre* et géométrie, propose une réflexion puissante depuis l'intérieur des mathématiques. Des livres de linguistique et d'anthropologie, enfin. Chacun à sa manière, *Six leçons sur le son et le sens* de Roman Jakobson, *Anthropologie structurale* de Claude Lévi-Strauss et *La Raison graphique* de Jack Goody ont constitué des rencontres inoubliables. »

« Art poétique » (1874), Verlaine

De la musique avant toute chose,
Et pour cela préfère l'Impair
Plus vague et plus soluble dans l'air,
Sans rien en lui qui pèse ou qui pose. (extrait)

« J'ai découvert ce poème à l'occasion d'une dissertation, au lycée. Il est le premier à avoir éveillé mes capacités d'analyse des textes – ces capacités qui sont précisément ma marque de fabrique en histoire des sciences. Faire l'expérience, à travers le commentaire, du fait qu'un texte parle non pas seulement par le choix des mots et le sens des énoncés, mais par les lettres et leur sonorité, par la structure et l'agencement des sons, des mots et des phrases, éprouver dans le déploiement de l'analyse la richesse sans fond de ces objets que sont les textes, c'est le déclic que j'ai vécu sur ce poème et l'apprentissage que je poursuis désormais quotidiennement sur mes textes de mathématiques. »

Regard sur la discipline

« L'histoire des mathématiques est un domaine qui doit encore se structurer et définir ses méthodes. Aujourd'hui, des personnes d'horizons très divers pratiquent cette discipline et ils la pratiquent forcément de façon disparate. Or, nous manquons cruellement d'une réflexion sur les méthodes de travail et les pièges à éviter qui puisse redonner à l'ensemble une certaine cohésion. C'est vrai en France, où l'histoire des mathématiques est particulièrement active, comme à l'étranger. Nous vivons dans un domaine mal balisé. Certes, cela laisse une grande liberté, mais cette liberté a ses revers. On peut en effet voir tout et n'importe quoi lorsqu'on emploie des outils inadéquats, comme une charge d'éléphant dans un magasin de porcelaine. On trouve parfois des théorèmes, des résultats, des concepts et des théories là où ils n'y sont pas.

L'opération de lecture des textes est très complexe et subtile. Il faut être attentif à lire les écrits de façon délicate si l'on veut se garder de les dénaturer. Ainsi, l'emploi de concepts mathématiques puissants d'aujourd'hui pour lire des textes anciens est inévitable, mais on doit le pratiquer avec méthode si l'on ne veut pas reconnaître dans ceux-ci l'outil avec lequel on l'a lu. Or, dès lors qu'on commet ce genre d'anachronismes, la confusion règne.

Nombre de chantiers de recherche que j'ai ouverts aujourd'hui sont liés à cette volonté de développer une théorie de l'histoire des sciences. Qu'est-ce que lire un écrit mathématique du passé ? Comment les textes du passé ont-ils été élaborés en tant que textes ? Comment les connaissances mathématiques portent-elles la marque de l'environnement dans lequel elles furent produites et comment circulent-elles ? Que doit-on prendre en compte, dans cet environnement, pour traiter ces questions de façon pertinente ? Comment les valeurs épistémologiques varient-elles dans le temps et dans l'espace et quelles sont les conséquences de ces variations ? Quelles sont les déterminations qui pèsent sur l'écriture de l'histoire des sciences ? Voici quelques-uns des problèmes théoriques qui se posent en histoire des sciences et qu'il est important à mes yeux d'aborder en tant que tels si l'on veut faire une histoire conceptuelle, culturelle et sociale digne de ce nom. »

PRINCIPAUX OUVRAGES

Qu'était-ce qu'écrire une encyclopédie en Chine ?, avec Florence Bretelle-Establet, hors-série *Extrême-Orient, Extrême-Occident*, 2007. Une introduction à l'écriture d'une encyclopédie, dans la revue d'études extrême-orientales *Extrême-Orient, Extrême-Occident*, dont elle a été rédactrice en chef.

Les Neuf Chapitres, avec Guo Shuchun, Dunod, 2004. Une édition bilingue et commentée de ce classique mathématique de la Chine ancienne en plus de 1000 pages.

5.

Jean-Paul Delahaye

Après quelques années d'enseignement au lycée, ce mathématicien entre dans la recherche par les mathématiques appliquées avant de s'intéresser à l'informatique théorique. Passionné de logique mathématique, il s'attaque notamment à des problèmes liés à l'intelligence artificielle. Parallèlement à ses travaux de recherche et à son enseignement, il participe à la communication scientifique : depuis vingt ans, il tient la rubrique « Logique et calcul » du mensuel *Pour la science*. Une véritable vocation qui l'a conduit à s'intéresser à de nouveaux domaines comme la théorie des jeux*.

1952

Naissance à Saint-Mandé (Val-de-Marne)

1970

« Math sup » au lycée Saint-Louis

1971

Études de mathématiques
à la faculté des sciences d'Orsay

1976

Agrégation de mathématiques

1979

Thèse de 3e cycle

1982

Thèse d'État

1988

Professeur à l'université de Lille

Depuis 1990

Collaboration avec Pour la science

1998

Prix d'Alembert pour le livre Le Fascinant nombre π

La vocation

« Ma vocation est venue très tôt. Assez jeune, je me suis imaginé faire des mathématiques. Toutefois, je ne savais pas trop en quoi consistait la recherche, car dans ma famille il n'y avait pas de mathématicien. Je m'imaginais plutôt en professeur de mathématiques dans une école d'ingénieur, mais c'était encore très vague. Je peux dater cette envie au début du collège, à la classe de sixième ou de cinquième. Étant un peu dyslexique, j'avais un handicap en français. En langues, je n'ai jamais été très bon non plus. J'étais nettement meilleur en sciences et notamment en mathématiques, ce qui a sans doute contribué à m'imaginer mathématicien.

C'est plus par intérêt pour la discipline que par les rencontres que je me suis tourné vers les mathématiques. Mes professeurs étaient bons, ils enseignaient ce qu'il fallait, sans toutefois soulever l'enthousiasme. Bien qu'en sciences naturelles et en physique j'aie eu des professeurs attachants qui savaient faire aimer leur discipline, c'est malgré tout les mathématiques qui l'ont emporté. La physique m'intéressait, mais ne me passionnait pas. J'estimais que je n'avais pas l'intuition ni la tournure d'esprit qu'il faut pour en faire.

Après le baccalauréat, passé en 1970, mes parents me poussèrent à entrer en classe préparatoire. Mon père était médecin ; il pensait que je passerais les concours des grandes écoles. Mais j'étais allergique à cette idée et, de façon sans doute inconsciente, je voulais aller à l'université pour avoir plus de liberté et travailler sur ce qui m'intéressait. Je suis tout de même allé en "math sup", mais le régime ne me convenait pas, de sorte qu'à la fin de l'année j'ai passé les examens pour entrer en seconde année à l'université d'Orsay. J'ai ressenti mon admission comme une libération. J'avoue toutefois aujourd'hui que ce que j'ai appris en "math sup" a été d'une aide considérable pour la suite de mes études. »

Le cursus

« Mes études de mathématiques à l'université se sont déroulées normalement. Mais je voulais toujours aller plus loin que ce qui était enseigné. J'avais été frustré de ne pas avoir eu de cours de logique en classe de terminale. Dans mon esprit, la logique était pourtant l'art de penser. En "math sup", la logique n'était pas au programme, mais le volume de cours était tel qu'il m'était impossible d'en faire en plus. En revanche, dès que je suis entré à l'université, j'ai acheté des livres de logique et m'y suis mis. Le premier tome de Bourbaki* *(Théorie des ensembles)* devint l'un de mes livres de chevet. J'étudiai également des ouvrages de Jean-Louis Krivine, les seuls livres de logique qu'on trouvait à l'époque en langue française. Petit à petit, j'achetai tous les livres publiés en français sur la logique mathématique. Pourquoi ce tropisme pour la logique ? Mystère ! Toujours est-il que cette passion ne s'est jamais démentie.

Ces lectures m'apprirent énormément. J'ai d'ailleurs plus appris en lisant ces livres que par les cours que je suivais à l'université. Il m'est arrivé de suivre des cours de manière tellement distraite que je n'en ai rien retiré. À l'inverse, lorsqu'on lit, on est obligatoirement impliqué, car on fait un véritable effort personnel, ce qui permet une meilleure assimilation des contenus. Peut-être y avait-il aussi cette idée en moi que ce qui est obligatoire est moins bien que ce que l'on choisit soi-même. Après ma licence et ma maîtrise de mathématiques (licence 3 et master 1 aujourd'hui), les choses n'étaient pas claires dans mon esprit quant à la voie à suivre. En fonction de la réussite que j'aurais, je décidai que je serais soit chercheur, soit enseignant dans un lycée, une université ou une école d'ingénieur. Cette idée d'enseigner dans une école d'ingénieur m'a longtemps trotté dans la tête ; c'est finalement le seul endroit où je n'ai jamais enseigné…

J'ai donc préparé le CAPES et l'agrégation. Le fait de travailler pour ces concours m'a beaucoup motivé. Bien qu'il se soit agi de concours, cela correspondait bien au mode de travail que j'affectionnais : on prend un bouquin, on revoit le cours et on fait les exercices tout seul. Une préparation adaptée à mon indépendance d'esprit. L'agrégation en poche, je partis enseigner dans le nord de la France, à Bruay-en-Artois (j'avais demandé cette région car mon épouse y avait été nommée). C'est à ce moment-là que je pris un premier contact avec l'université de Lille en vue de faire un DEA (master 2). Après ce DEA que j'avais suivi parallèlement à l'enseignement que je donnais au lycée, j'entrepris une thèse de 3e cycle. Ayant pris un congé pour études, je travaillai alors sur ma thèse.

Cette première expérience de la recherche concernait le domaine de l'optimisation, une branche des mathématiques appliquées. Sans doute aurais-je été plus intéressé par les mathématiques pures, mais la difficulté d'obtenir des postes universitaires m'avait incité à me tourner vers les mathématiques appliquées, où cela semblait plus facile.

Suivant mes penchants naturels, j'ai fait évoluer mon sujet de thèse vers des aspects très algorithmiques et même logiques. Y compris en démontrant des résultats négatifs. Comme en logique, je rendais compte des impossibilités : je montrais qu'il y a des choses impossibles à faire avec des algorithmes de telle ou telle catégorie. Une démarche inhabituelle en mathématiques appliquées où l'on cherche plutôt à montrer des résultats positifs. Après cette thèse de 3e cycle, je commençai une thèse d'État, mais dans des conditions assez intenses : après mon congé pour études, je réintégrai l'Éducation nationale où j'obtins un service d'enseignement complet dans un lycée de Dreux (Eure-et-Loir), que je dus assurer, cette fois, en même temps que les travaux de recherche que je poursuivais à Lille. Après trois ans de ce régime, ayant passé ma thèse, j'obtins enfin un poste à l'université pour faire ce qui me plaisait vraiment : de la recherche. Non que je n'aime pas l'enseignement – ma carrière à l'université prouve le contraire – mais parce qu'explorer le fond des choses correspondait mieux à ma nature. »

L'apport aux mathématiques

L'accélération de la convergence

« Ma thèse d'État porta sur l'analyse numérique* et plus précisément sur l'accélération de la convergence. Lorsqu'on examine une suite régulière qui a un type de convergence, on peut appliquer à la suite une transformation qui accélère celle-ci. On obtient alors une seconde suite qui tend plus vite vers sa limite. Cette technique d'accélération est très utilisée en analyse numérique, car elle permet en définitive d'obtenir plus de précision d'un calcul sans en augmenter le coût.

L'accélération de la convergence est une technique naturelle mais dont on ne peut pas tout espérer : toutes les suites ne peuvent être accélérées. Cela tiendrait du miracle. Comment cerner ce qui est possible de ce qui ne l'est pas ? En creusant cette question, j'ai obtenu une série de résultats qui montrent par exemple que l'ensemble des suites à convergence logarithmique n'est pas accélérable. Dans une suite à convergence logarithmique, c'est-à-dire dont le rapport des erreurs de deux termes consécutifs tend vers 1, la convergence est lente et devient de plus en plus lente quand on s'approche de la limite. Du coup, on pourrait croire que ce type de suites est facile à accélérer. Or il n'en est rien.

Parmi les résultats les plus généraux de ma thèse, il y a la formulation d'une condition (appelée "rémanence") assurant qu'une famille de suites n'est pas accélérable. Ce travail s'inscrivait dans la continuité de ma thèse de 3e cycle : il y avait des résultats positifs, mais aussi des résultats négatifs assez généraux, dont certains avaient une forme logique assez complexe. Par exemple, la propriété de "rémanence" est un ensemble infini de formules de plus en plus longues. Les méthodes ne sont pas les mêmes que celles que l'on met en œuvre strictement en logique pour montrer des résultats négatifs de non-calculabilité. Ainsi, dans une démonstration, j'exprimais qu'à un instant donné on ne disposait pas d'assez d'informations pour faire la chose qu'on voudrait (accélérer la convergence par exemple). Ce sont des résultats assez originaux, car la méthodologie diffère de celle qui est utilisée en logique pure, où les résultats négatifs sont liés au trop petit nombre de fonctions calculables.

De manière générale, en logique les résultats négatifs sont très importants. Le théorème d'incomplétude de Gödel est un résultat négatif inattendu. On peut même dire que ce théorème marque le début de la maturité de la logique mathématique. De manière plus générale, les résultats négatifs se rencontrent partout en mathématiques, ils ont souvent été décisifs dans la compréhension de notions importantes. Citons l'irrationalité de racine de 2, l'impossibilité de résoudre des équations du cinquième degré par radicaux, la transcendance de π (inexistence d'une équation polynomiale pour π). Ce sont tous des résultats négatifs. »

Le théorème de Gödel

« Le théorème d'incomplétude de Gödel est pour moi le théorème le plus important du XXe siècle. Démontré par le mathématicien autrichien Kurt Gödel en 1931, ce théorème énonce qu'une théorie suffisante pour faire de l'arithmétique est nécessairement incomplète. Autrement dit, il existe des énoncés formulables dans cette théorie qui n'y sont pas démontrables et dont la négation n'y est pas non plus démontrable. Ce sont des "indécidables" : des énoncés sur lesquels on ne peut rien dire dans le cadre de la théorie. Ce théorème nous apprend beaucoup sur la nature de la connaissance, sur la manière dont on peut la codifier, sur ce que sont et ce que peuvent être les démonstrations et sur ce qu'est l'information mathématique. C'est un résultat incroyablement profond. »

Des mathématiques appliquées à l'informatique théorique

« Après avoir passé ma thèse en 1982, j'obtins enfin un poste stable à l'université de Lille. Dès lors, j'ai pu me consacrer pleinement à la recherche. Comme le poste était en informatique et non en mathématiques appliquées, je fis évoluer mes thèmes de recherche. Cette évolution ne me posa pas de problème, car les résultats négatifs que j'avais obtenus sur les suites étaient déjà, en quelque sorte, de l'informatique théorique. De manière plus générale, les aspects théoriques de l'informatique sont très liés à la logique mathématique. Peut-être aurais-je dû commencer directement par l'informatique théorique plutôt que par l'analyse numérique qui a constitué une sorte de détour. Contingences de la vie…

Ce nouveau domaine me convenait tout à fait. Au sein du Laboratoire d'informatique fondamentale de Lille il y avait une équipe de théoriciens très compétents : Max Dauchet, Michel Latteux et Gérard Comyn. Formés à Paris par Maurice Nivat, l'un des pères de l'informatique théorique en France, connu pour ses travaux dans le domaine de la théorie des langages et des automates, ils avaient monté ce laboratoire où ils m'accueillirent chaleureusement. Pendant toute une période, j'ai travaillé sur la programmation logique et sur les langages fondés sur des méthodes de démonstration automatique. Le langage phare était alors Prolog (acronyme de programmation logique), qui avait été créé une dizaine d'années plus tôt. Le but de ce type de langage est de construire un programme utilisant la logique plutôt qu'une succession d'instructions. Prolog était très utilisé dans le contexte d'alors de renouveau de l'intelligence artificielle en France. Du coup, je travaillais beaucoup sur celui-ci et sur les moteurs d'inférence, des programmes qui permettent aux systèmes experts de conduire des raisonnements logiques afin d'arriver à des conclusions.

Bien que la syntaxe et la sémantique de Prolog soient considérées comme très simples et claires, l'axiomatisation n'était pas complète. Ainsi, j'ai contribué à améliorer la base axiomatique de Prolog. Pour cela, l'outil prépondérant est la logique trivaluée. Contrairement à la logique binaire où les valeurs possibles d'une variable sont oui et non (ou 0 et 1 ou vrai et faux), la logique trivaluée introduit en plus la valeur indéterminée. Ce type de logique m'a servi à travailler non seulement sur la sémantique de Prolog, mais encore sur les systèmes experts, puisque dans ces systèmes il y a dans l'état initial des variables qui sont nécessairement non déterminées. »

La complexité de Kolmogorov

« Après Prolog et les logiques trivaluées, je me suis intéressé à la complexité de Kolmogorov, domaine dont je pensais qu'il pouvait avoir des applications pratiques, notamment en bioinformatique. La complexité de Kolmogorov d'une suite finie, c'est simplement la taille du plus petit programme qui engendre cette suite. En termes plus simples, la complexité de Kolmogorov d'un objet est le contenu incompressible d'informations de cet objet. Autrement dit, c'est la taille de la représentation la plus courte qu'on peut en avoir. À partir de 1988, j'ai commencé à appliquer cette notion à la comparaison de séquences génétiques et à la construction d'arbres phylogénétiques. Par exemple, le séquençage du génome entraîne l'analyse d'une quantité phénoménale de données qui sont des suites de 4 lettres (ACTG). Avec Éric Rivals, aujourd'hui bioinformaticien au CNRS et directeur du

Laboratoire d'informatique, de robotique et de microélectronique de Montpellier, nous avons utilisé la notion de complexité de Kolmogorov pour concevoir des schémas de compression de données adaptés spécifiquement aux séquences génétiques. Ces schémas ont permis l'identification des répétitions qui peuvent se produire sur de longues séquences de lettres. Plus récemment, avec des collègues et étudiants de Lille nous avons utilisé ce type d'outils pour réaliser des comparaisons et des classifications d'images. La complexité de Kolmogorov peut même servir à l'étude des marchés financiers. La théorie de l'information de Shannon n'est finalement qu'un cas particulier de la théorie de la complexité de Kolmogorov.

Pour moi, la complexité de Kolmogorov est un concept fondamental en informatique, mais c'est aussi un concept qui concerne la physique, la biologie, la psychologie et la philosophie des sciences en général comme une longue série de travaux l'a bien montré aujourd'hui. C'est grâce à cette notion qu'on a pu formuler une définition satisfaisante de la notion de suite aléatoire par exemple. Souhaitant promouvoir cette théorie, j'ai écrit un livre de cours qui en fait la présentation détaillée. Il s'agit de mon livre *Information, complexité et hasard.* »

La circulation des idées

« Parallèlement à mes travaux de recherche, je me suis attelé à mener des actions d'information scientifique. Cette notion est pour moi très importante. Le terme de vulgarisation ne rend pas bien compte de ce que je cherche à faire et, d'ailleurs, je n'aime pas trop ce mot. Dans vulgarisation, il y a l'idée d'un expert qui parle à des sujets mal informés. Ce à quoi j'aspire est très différent : faire circuler les idées au sein des communautés scientifiques et entre les communautés.

L'information scientifique fonctionne le plus souvent au sein d'une même discipline. Dans cette discipline, les chercheurs écrivent les uns pour les autres et forment une communauté. Parfois, cette communauté est extrêmement réduite : il n'est pas rare qu'un thème scientifique précis concerne moins d'une dizaine de personnes à travers le monde. Au début de ma carrière de chercheur, j'ai été effaré de m'apercevoir que dans mon laboratoire presque personne ne lisait les articles de recherche de ses voisins de bureau et encore moins des domaines ou disciplines extérieurs. Je me suis dit que je pouvais peut-être participer à lutter contre ce cloisonnement entre disciplines et au sein même des disciplines scientifiques. C'est aussi la raison pour laquelle j'apprécie beaucoup une revue comme *The Mathematical Intelligencer*, qui aide à la communication de manière globale au sein de la discipline des mathématiques. Des revues telles que *Pour la science* et *La Recherche* participent également de cet effort d'information scientifique.

Sans doute ai-je été aussi marqué par une expérience personnelle. Lors de ma thèse de 3e cycle, j'avais lu dans *La Recherche* un article sur la classification des données, dont j'ai exploité les idées pour concevoir des algorithmes de traitement de séquences numériques. Cette expérience m'a persuadé que les barrières entre disciplines ne doivent pas être étanches. De manière plus générale, la communauté scientifique a besoin que les idées qui émergent dans une discipline puissent être connues des chercheurs des autres disciplines. Personnellement, j'ai toujours lu des écrits d'autres domaines, comme la biologie et la physique, et l'intérêt que j'y ai trouvé ne s'est jamais démenti. Aussi, lorsque j'ai été un peu plus libre d'organiser mon travail – en pratique lorsque j'ai été nommé professeur en université –, je me suis dit que je pourrais me rendre utile en participant à ce mouvement. En 1988, j'ai tenté ma chance en envoyant un article sur la complexité de Kolmogorov à *La Recherche*. L'article est paru après quelques aller-retour qui ont permis de le rendre conforme aux exigences de cette revue. Cette première expérience m'a encouragé à persévérer et je me suis mis à écrire régulièrement dans *Pour la science* en travaillant avec Philippe Boulanger, alors directeur de la revue, avec qui j'ai noué une relation d'amitié qui année après année s'est renforcée, permettant la poursuite de cette heureuse collaboration. Depuis vingt ans, j'y écris un article chaque mois, ce qui correspond à plus de 200 articles publiés à ce jour.

Bien sûr, j'ai d'abord traité des sujets que je connaissais bien. Mais très vite, j'ai dû m'intéresser à d'autres aspects des mathématiques et de l'informatique. Pour produire des articles convenables, j'ai étudié le plus soigneusement possible des sujets sur lesquels je ne connaissais parfois pas grand-chose. L'étude de ces nouveaux domaines a eu des retombées inattendues sur ma recherche. En préparant un article sur le dilemme des prisonniers, un célèbre exemple de la théorie des jeux où deux complices (les "prisonniers") cherchent à minimiser leur temps d'emprisonnement en trahissant ou non leur partenaire, j'ai tellement fouillé le sujet que je me suis intéressé à la théorie des jeux du point de vue de la recherche.

Parallèlement à l'écriture d'articles, j'ai aussi voulu publier des livres. Écrire des livres – et si possible des livres qui soient lus – me semble être l'une des missions des universitaires et des chercheurs. Après avoir soutenu ma thèse d'État (en 1982), je me suis senti assez libre et motivé pour tenter ma chance. La plupart des livres que j'ai écrits s'adresse à un public assez large, car j'ai le sentiment qu'il y a des aspects de ma discipline que l'on peut formuler sans trop de technicité et qui peuvent intéresser. J'aime enseigner, et écrire des livres est une façon d'enseigner, donc de faire circuler les idées qu'on trouve importantes. Fondamentalement, je crois aussi que j'aime bien écrire. Sans doute parmi mes motivations pour l'écriture y avait-il également le désir de suivre les traces de mon père qui était médecin et qui toute sa vie a travaillé à publier des ouvrages, en particulier de radiologie et de médecine aéronautique. »

Les figures marquantes

« C'est à travers des lectures plutôt que par des rencontres que des personnes m'ont fait impression. Jean Dieudonné (1906-1992) tout d'abord fut pour moi une figure tutélaire. Ce mathématicien est l'un des fondateurs et des principaux animateurs de Bourbaki. J'ai lu Bourbaki durant mes années d'université et ces lectures m'ont beaucoup marqué. De même, les livres de Dieudonné et ses articles étaient d'une profondeur revigorante.

L'exception qui confirme la règle : Claude Brezinski. C'est un mathématicien que j'ai évidemment rencontré, puisqu'il fut le directeur de ma thèse d'État. Je me suis très bien entendu avec lui et nous sommes restés en excellents termes. Tout en m'encourageant beaucoup, il me laissait une grande liberté dans le choix de mes thèmes de recherche et des méthodes. Cela l'intéressait d'autant plus qu'il a fallu concevoir de nouveaux outils pour montrer des résultats négatifs, ce qui n'était alors pas évident.

C'est au travers des écrits de Jean-Louis Krivine que j'ai rencontré la logique mathématique. Krivine est l'un des premiers logiciens à avoir écrit des livres de logique en français. Dans les années 1970, j'ai passé des jours et des jours à lire ses ouvrages. Plus tard, en 1992, à l'occasion d'un colloque sur la logique qui se tenait à Marseille, je l'ai rencontré, mais cette rencontre n'a été qu'anecdotique en comparaison du plaisir et de l'intérêt que j'avais eu à le lire. »

La Tour de Babel (1563), Pieter Bruegel l'Ancien

« Ce tableau m'a toujours fasciné. Quand je l'ai vu pour la première fois en vrai au musée des Arts de Vienne, je l'ai trouvé magnifique. Pourquoi ? Peut-être parce que j'y vois une allégorie de la science. Cet effort commun des êtres humains pour construire quelque chose qui les dépasse complètement me parle beaucoup. Contrairement aux origines

bibliques du tableau, censé représenter les dangers de l'orgueil humain et l'échec de la rationalité face au divin, j'y vois la représentation d'une humanité réunie qui, poursuivant un objectif fou, y travaille sans relâche et s'y dévoue totalement. La science est d'une certaine façon cette tour qui monte jusqu'au ciel. »

Regard sur la discipline

« Le domaine de l'informatique de manière générale et de l'informatique théorique en particulier est merveilleux car il s'y passe beaucoup de choses. Comme ce sont des disciplines jeunes, le nombre de résultats nouveaux est considérable : en algorithmique, en cryptographie, pour la génération de suites pseudo-aléatoires, dans le domaine des modèles de calcul, tout bouge très vite. C'est à la fois passionnant et bouleversant. Le monde s'invente dans les concepts nouveaux et les utilisations qui en sont faites. J'ai d'ailleurs l'impression que le centre de gravité des mathématiques s'est déplacé vers les mathématiques discrètes* en raison de la place de plus en plus forte de l'informatique et de la logique mathématique. Bien que beaucoup de progrès aient été faits autour de l'informatique, il reste encore des possibilités de création formidables et je dirais aux jeunes de profiter de cet élan pour se lancer dans la recherche en informatique.

À côté de l'informatique proprement dite, il y a aussi toute une branche qui consiste à utiliser les outils informatiques pour faire des mathématiques autrement. Par exemple, le domaine de la démonstration automatique apporte chaque jour son lot de nouveaux résultats. Grâce à l'utilisation de systèmes de calcul formel, on parvient à démontrer de nouveaux théorèmes, à explorer des nouvelles hypothèses. Alors que l'interaction entre le mathématicien et le monde des idées se faisait jusqu'à une époque récente uniquement à l'aide d'un papier et d'un crayon, l'ordinateur ouvre une multitude de nouvelles possibilités. Ainsi, le théorème des quatre couleurs qui stipule qu'on peut colorier n'importe quelle carte bidimensionnelle à l'aide de seulement quatre couleurs sans que deux zones adjacentes soient de la même couleur. Conjecturé en 1852, le résultat n'a été prouvé que dans les années 1970 à l'aide de l'ordinateur. Depuis 2005, il existe même une démonstration entièrement informatisée de ce théorème. Assez souvent, dans ma chronique de *Pour la science*, je relate des résultats qui n'auraient pas pu être démontrés sans l'aide d'ordinateurs. Ce domaine de l'expérimentation mathématique est en plein essor.

De manière plus générale, j'estime qu'il ne devrait pas y avoir de séparation – comme c'est trop souvent le cas – entre informatique et mathématique. Même avant le baccalauréat, ces disciplines devraient être enseignées en même temps. Elles sont destinées à travailler de concert, car les concepts mathématiques servent à développer les concepts informatiques et à les rendre plus performants et parce que l'informatique fournit en retour de nouveaux outils aux mathématiciens pour explorer autrement le monde des idées. Il y a une symbiose de plus en plus forte. »

PRINCIPAUX OUVRAGES

Au pays des paradoxes, Belin/*Pour la science*, 2008. Présentation d'une cinquantaine de paradoxes que vous pouvez vous amuser à résoudre. Avec solutions et commentaires.

Complexité : Aux limites des mathématiques et de l'informatique, Belin/*Pour la science*, 2006. L'intelligence humaine est-elle rattrapée par celle des machines ? Les objets mathématiques existent-ils vraiment ? L'Univers entier est-il lui-même un immense ordinateur ? Voici quelques-unes des questions auxquelles l'auteur tente de répondre dans cet ouvrage, qui nous fait réfléchir sur les fondements du calcul.

Les Inattendus mathématiques : Art, casse-tête, paradoxes, superstitions, Belin/*Pour la science*, 2004. Un livre qui prend les mathématiques à revers et montre que cette science est partout, même là où on s'y attend le moins, comme la littérature.

L'Intelligence et le Calcul : De Gödel aux ordinateurs quantiques, Belin/*Pour la science*, 2002. Une réflexion sur la notion de calcul où l'auteur nous entraîne sur ses thèmes de prédilection, comme le théorème de Gödel et la complexité de Kolmogorov.

Merveilleux nombres premiers. Voyage au cœur de l'arithmétique, Belin/*Pour la science*, 2000. Un ouvrage de vulgarisation grâce auquel vous pourrez approcher les mystères qui entourent encore ces nombres uniquement divisibles par 1 et par eux-mêmes. À travers ces nombres, le livre balaye une bonne partie de l'arithmétique, du crible d'Ératosthène (IIIe siècle avant notre ère) à l'hypothèse de Riemann, qui occupe les mathématiciens encore aujourd'hui.

Le Fascinant nombre π, Belin/*Pour la science*, 1997. De sa découverte aux développements les plus récents sur le calcul de ses décimales, tout ce que vous voulez savoir sur le nombre π. Y compris des moyens mnémotechniques (en français ou en breton par exemple) pour se rappeler des premières décimales.

À consulter

www2.lifl.fr/~delahaye/ : La page web de Jean-Paul Delahaye.

6.

Nicole El Karoui

Considérée comme la « papesse » des mathématiques financières, elle est toujours restée dans le giron académique, dénonçant les salaires mirobolants proposés aux étudiants qu'elle formait. Spécialiste des probabilités, elle a participé au passage de ce domaine d'un statut de sous-discipline à celui d'une théorie à part entière, dans le cadre d'une école française universellement reconnue.

1944

Naissance à Paris

1964

Entrée à l'École normale supérieure

1967

Agrégation de mathématiques

1971

Thèse d'État

1973

Professeur à l'université du Mans

1979

Professeur à l'École normale supérieure
de Fontenay-aux-Roses

1988

Semestre sabbatique dans une banque
puis professeur à Paris VI

1990

Mise en place du DEA de mathématiques financières

1997

Professeur à l'École polytechnique

2008

Professeur à Paris VI

La vocation

« Au lycée, les mathématiques ne m'intéressaient pas particulièrement. Dans l'établissement public de filles de Nancy que je fréquentais (à l'époque, le lycée n'était pas mixte), j'avais suivi mes classes de seconde et de première dans une section baptisée alors A'. Cette section combinait lettres et sciences : nous y faisions autant de lettres classiques (français, latin et grec) que les littéraires purs des sections A et autant de mathématiques et de physique que les scientifiques des sections C. Lorsque pour la première fois j'ai dû choisir entre philosophie et sciences, le choix a été délicat. Finalement, j'ai opté pour une terminale scientifique, car j'avais plus de plaisir à résoudre un problème de mathématiques qu'à écrire une dissertation, mais cela a été un peu un choix par défaut.

Mon père était ingénieur et j'étais la troisième de huit enfants. Un de mes frères était en classe préparatoire juste avant moi et nous en connaissions le principe. Mes parents étaient d'accord pour que j'en fasse une si je voulais faire des sciences, même si le fait que je sois une fille rendît la chose moins naturelle. Je me suis donc retrouvée en "math sup", une des quatre filles perdues au milieu de quarante garçons.

Et c'est là que j'ai commencé à me passionner pour les mathématiques. J'ai découvert la théorie des ensembles et ce qu'on appelait à l'époque les mathématiques modernes (les aspects un peu formels des mathématiques). Enfin, j'entrevoyais la cohérence sous-jacente de la discipline, qui auparavant m'échappait totalement. On peut donc dire que ma vocation date de cette période, où j'ai découvert les mathématiques structurées. »

Le cursus

« Après des études en classe préparatoire à Nancy, je suis entrée à l'École normale supérieure de jeunes filles en 1964. En tant que normaliennes, nous faisions deux années d'université en même temps et, comme les enseignements n'étaient pas organisés pour, nous passions notre temps à ne rien comprendre. Par exemple, nous pouvions avoir le cours de seconde année d'analyse* avant d'avoir eu celui de première année correspondant… Nous ne maîtrisions pas tellement ce qu'on nous enseignait. Heureusement, nous avons pu approfondir nos connaissances en passant l'agrégation l'année suivante.

Très vite, il devint clair que je ne ferais pas d'algèbre*. Non seulement la matière ne me motivait pas beaucoup, mais encore je n'y comprenais rien (et je n'en comprends d'ailleurs toujours rien). En revanche, l'analyse me plaisait et je sentais une certaine affinité avec les probabilités. En seconde année, j'avais déjà suivi un cours de probabilités qui m'avait bien plu. C'était un cours assez opérationnel : il traitait des probabilités utiles, mais la théorie était réduite au minimum.

À l'époque, les probabilités étaient assez mal vues. Elles avaient une connotation appliquée qui n'était pas digne des mathématiciens "géniaux" de l'École normale supérieure (ENS) de la rue d'Ulm. C'était bon pour les filles… Pourtant, ce domaine en pleine naissance était passionnant. L'école française de probabilité était née dans les années 1930, emmenée par Paul Lévy (1886-1971), enseignant à Polytechnique. Cela a été le commencement d'une forte tradition de recherche dans le domaine des processus aléatoires, notamment au sein du laboratoire de probabilité de la faculté des sciences de Paris. À la fin des années 1950, sous l'impulsion de Jacques Neveu, une nouvelle voie de recherche, plus théorique, a élaboré les concepts nécessaires à la modélisation de phénomènes de plus en plus complexes, issus de la physique en particulier. Mais les choses ont encore beaucoup évolué par la suite : ce que faisait Jacques Neveu en DEA (master 2) à l'époque (1968) est ce que l'on enseigne en master 1 aujourd'hui. Le formalisme encore balbutiant des tribus est maintenant intégré dans l'enseignement de base. Ce DEA m'a beaucoup plu. Je peux même dire que cela a été le coup de foudre. Il devenait clair désormais que je ferais des probabilités.

En octobre 1968, j'ai été nommée assistante (ce statut qui n'existe plus maintenant est l'équivalent des boursiers de thèse) à la faculté d'Orsay. C'est alors que j'ai démarré la recherche. Cette première expérience de recherche a été exceptionnelle sur tous les plans, car cela a été une période de travail en groupe : nous étions trois jeunes à travailler ensemble sur les mêmes sujets. Bernard Roynette était assistant comme moi et Hervé Reinhard venait de l'École polytechnique. Officiellement, notre directeur de thèse était Neveu, mais comme à la faculté d'Orsay il n'y avait pas d'équipe de recherche en probabilités, nous n'avions pas d'interlocuteur sur place. Heureusement que nous étions à trois pour nous soutenir mutuellement.

Nous avons commencé à travailler sur les processus stochastiques. À l'époque, le grand thème était les processus markoviens, c'est-à-dire un modèle stochastique qui permet de prendre des décisions dans un environnement dont le futur comporte des aléas. Supposons que l'on soit en présence d'un système évoluant dans le temps comme un automate probabiliste (un système composé d'états et d'un ensemble de distributions* de probabilités de transitions). À chaque instant, le système est dans un état donné et il existe une certaine probabilité pour que le système évolue vers tel ou tel autre état à l'instant d'après. Quelles actions (probabilistes) effectuer sur le système pour arriver au meilleur état final possible ? Tel était le type de questions que nous nous posions. Bien que les processus markoviens soient utilisés en intelligence artificielle ou pour la robotique, mais aussi en télécommunications, en biologie ou en finance, nous les avons abordés sous un angle très théorique.

Ce mode de travail à trois était particulier. Nous arrivions tous les trois au bureau le matin à 9 h, puis nous nous mettions à nos recherches. Quand l'un de nous devait s'occuper de travaux dirigés, il s'absentait pendant 1 h 30, les autres continuaient et, à son retour, nous discutions et cela repartait. Nous étions une vraie communauté de recherche. Cela reste pour moi un souvenir extraordinaire. Il n'y avait aucune rivalité : on ne cherchait pas à savoir qui avait apporté quoi, on mettait tout en commun.

Ce mode de recherche était peut-être particulier, mais il s'est révélé terriblement efficace, car alors qu'en moyenne il faut au moins six ans pour soutenir une thèse d'État, nous avons tous les trois soutenu la nôtre au bout de trois ou quatre ans. Très proches du laboratoire de probabilités de Paris VI, nous avons bénéficié de l'aide de notre directeur de thèse, mais aussi de chercheurs plus jeunes comme Pierre Priouret, dont les conseils scientifiques et professionnels ont toujours été d'une extrême pertinence. En particulier, il m'avait expliqué que si je ne soutenais pas ma thèse en même temps que mes camarades, je pouvais considérer que tous nos travaux en commun ne seraient pas comptés. Surtout parce que j'étais une femme…

En 1971, j'ai donc soutenu ma thèse avec mes deux acolytes. Nous avions une majorité d'articles en commun et un article chacun en plus. Cette même année, on m'a proposé un poste à Lille que je n'ai pas pris, car j'allais accoucher de mon deuxième enfant et je ne me voyais pas faire la navette avec deux enfants de moins de 2 ans (mon mari ne pouvait pas quitter son poste). Je suis restée à Orsay jusqu'en 1973, année où les postes ont commencé à se raréfier. Priouret m'avait prévenue que si je ne trouvais pas de poste de professeur maintenant, cela allait être de plus en plus dur. J'ai finalement obtenu la même année un poste à la faculté des sciences du Mans que j'ai pris. Je faisais la navette entre la faculté où j'enseignais et le laboratoire de probabilités de Paris où je poursuivais mon travail de recherche, tout en animant un groupe de travail avec de jeunes chercheurs. »

L'apport aux mathématiques

Théorie générale des processus

« Le laboratoire de probabilités s'était installé à Jussieu en 1970. Avant cette date, même s'il y avait toujours eu des probabilistes dans la lignée de Paul Lévy, cette discipline n'était pas reconnue, notamment par les mathématiciens de l'ENS qui ne la considéraient pas comme de vraies mathématiques. À partir des années 1970, l'école française des probabilités devait connaître une nouvelle impulsion sous la houlette de Jacques Neveu à Paris et de Paul-André Meyer, directeur de recherche à Strasbourg. Ce fut une période foisonnante.

Comme beaucoup d'autres jeunes chercheurs du laboratoire de probabilités, je me suis mise à travailler sur des questions liées à la théorie générale des processus. Il s'agit d'une théorie abstraite visant à expliquer les processus stochastiques avec des outils propres aux probabilités, comme la théorie des martingales. Auparavant, certains aspects des processus stochastiques étaient étudiés en piochant dans les outils de disciplines voisines, comme les équations aux dérivées partielles, la théorie du potentiel… Après plusieurs contributions à la théorie générale, je me suis orientée vers le contrôle stochastique. »

Contrôle stochastique

« Les premiers travaux sur le contrôle stochastique ont été motivés par l'envoi de fusées vers la Lune, dans les années 1960. L'idée consiste à comprendre comment jouer sur les paramètres de la trajectoire pour arriver là où l'on veut. En résumé, on part d'un objectif et on cherche à déterminer comment l'atteindre de la façon la plus efficace, sachant que le système est perturbé par des événements aléatoires. C'est un processus où l'on fait de l'apprentissage pour corriger les anticipations que l'on peut avoir sur l'avenir. Ce type de problèmes peut être traité à partir d'équations aux dérivées partielles. Je l'ai étudié pour ma part sous un angle abstrait et très général à partir de raisonnements purement probabilistes. Par exemple, le problème, très important pour les applications, de choisir le moment optimal pour s'arrêter a pu être résolu complètement grâce à ce nouveau point de vue.

En 1979, j'ai donné un cours de recherche à l'École d'été de probabilité de Saint-Flour faisant la synthèse des travaux ayant été effectués sur le contrôle stochastique (cours publié en 1981 chez l'éditeur allemand Springer), en mettant en avant les apports des probabilités. Avec une autre collègue, Monique Jeanblanc, nous avons aussi montré que lorsque les décisions ne peuvent être prises qu'à partir d'une information partielle sur le phénomène contrôlé (partiellement observable), on ne pouvait pas trouver de solution simple, excepté dans des cas très particuliers. Notre conclusion, en forme de semi-échec pour les applications, a diminué l'intérêt pour la théorie et le nombre de personnes travaillant sur le contrôle stochastique probabiliste a décru rapidement. »

Les mathématiques financières

« En 1979, j'ai été nommée professeur à l'École normale supérieure de jeunes filles de Fontenay-aux-Roses. Ce fut une période passionnante durant laquelle j'ai poussé les filles à se diriger vers l'enseignement supérieur. Une période difficile aussi, puisque dans les années 1979-1980 le nombre de postes à l'agrégation était faible : 80 postes contre 250 aujourd'hui.

Lorsque l'école a déménagé à Lyon en 1988, je ne l'ai pas suivie. J'étais à ce poste depuis neuf ans et ne souhaitais pas rester plus longtemps éloignée de l'université. J'ai obtenu un poste de professeur à Paris VI, mais avant de prendre mes nouvelles fonctions, j'ai décidé de passer un semestre sabbatique dans une banque. Pourquoi la banque ? J'avais une culture économique assez moyenne, mais le lien entre les mathématiques et le monde économique m'avait toujours intéressé. La banque était donc un endroit assez naturel où examiner ce lien de plus près.

Entrée pour six mois à la Compagnie bancaire, j'y ai fait des statistiques et de l'informatique de manière très appliquée. La surprise a surtout été de m'apercevoir qu'une équipe de recherche de la banque venait de suivre une formation à HEC pour étudier... le mouvement brownien et d'autres phénomènes aléatoires. Or, ces phénomènes étaient justement la base de ma formation de chercheur. Découvrir que des professionnels appliquaient la théorie du mouvement brownien à l'activité financière a été une surprise. Ayant pas mal discuté avec les membres de cette équipe, j'ai appris beaucoup de choses sur la finance (j'ignorais jusqu'à ce que pouvait être une obligation...). Cela m'a convaincu qu'il y avait un lien à creuser.

Ayant pris mon poste à l'université, j'ai maintenu des contacts dans la banque, cette fois à la Caisse des dépôts et consignations où travaillait Hélyette Geman, une camarade de l'ENS. Professeur à l'ESSEC (Institut des sciences économiques et commerciales) ayant fait une formation aux États-Unis dans le domaine de la finance des marchés, elle avait monté une structure à la Caisse des dépôts et consignations.

Avec Hélyette Geman, nous avions identifié un important besoin de formation. Le MATIF (Marché à terme international de France), le premier marché à terme en France, venait d'être créé. Le domaine de la banque d'investissement avait besoin de gens formés aux nouveaux métiers de la finance et à leurs aspects quantitatifs. Or, sur le marché du travail peu de personnes étaient formées à ces applications. Par ailleurs, la banque offrait des débouchés à des probabilistes, un domaine qui jusque-là était resté assez théorique.

Au départ, au sein du DEA de probabilités de Paris VI, nous avons monté une filière finance. Il y avait là une opportunité intéressante à saisir, comme l'avait aussi apprécié le directeur du laboratoire, Jean Jacod. Bien que réservé sur le domaine de la finance, il a vu dans une telle formation l'occasion de rétablir un équilibre avec les mathématiques appliquées. L'attitude des probabilistes était assez ambiguë, de nombreux collègues persistant à penser qu'il ne fallait pas mêler finance et mathématiques.

Malgré ces réticences, la formation s'est montée et a démarré en 1990, en liaison avec l'École polytechnique. Enseignantes à temps partiel dans cet établissement, nous y avions développé une initiation à la finance quantitative. Jouissant pour cette filière de master d'une plus grande liberté dans la définition des programmes, nous avons pu inclure tout ce que nous jugions qu'il fallait savoir dans le domaine : probabilité, calcul stochastique, produits financiers, méthodes numériques, compréhension du marché. Au final, le programme était assez lourd, mais il s'est révélé efficace. Très vite, les employeurs ont su que les étudiants du DEA ou de Polytechnique qui avaient suivi la filière de master avaient une formation solide et complète en finance quantitative, notamment dans le domaine des taux d'intérêt et de leurs produits dérivés.

Ces différents éléments ont grandement contribué à la promotion du DEA qui est devenu très demandé. Nous avions commencé avec à peine une vingtaine d'étudiants ; cinq ans plus tard nous en avions une cinquantaine, puis une centaine en 2008. »

Les produits dérivés

« Les premiers marchés à terme ont été créés aux États-Unis en 1973. En France, ils ont démarré en 1986 avec le MATIF. Très vite, les banques se sont saisies de ce nouvel outil. Les produits à terme sont des contrats financiers permettant de faire une opération dans le futur à une date prévue dans le contrat à un prix garanti. Les contrats les plus utilisés sont les contrats de type promesse de vente, où l'on fixe aujourd'hui le prix de l'opération que l'on réalisera dans le futur. Les marchés organisés permettent de minimiser le risque que l'opération ne se réalise pas.

Les contrats de type options donnent le droit de réaliser l'opération dans des conditions toujours favorables pour l'acheteur, qui peut acheter soit au prix garanti s'il est inférieur au prix de marché, soit au prix de marché. C'est donc un contrat d'assurance contre la hausse, qui a un prix (la prime), payé aujourd'hui à la signature. Pourquoi le calcul de cette prime demande-t-il des mathématiques élaborées ? Essentiellement parce que la concurrence que favorise les marchés ne permet pas de faire des marges conséquentes sur ces produits. D'habitude, pour ce genre de produits d'assurance, on estime le risque futur moyen et on rajoute une marge "de risque". Si la marge est trop petite, elle ne permet pas au vendeur de se couvrir contre le risque réel qu'il a pris à la place de son client.

Prenons l'exemple de quelqu'un qui veut s'assurer contre la montée du dollar. Pour gérer les risques associés au contrat, on va suivre le cours du dollar au jour le jour et réduire le risque en faisant une stratégie de couverture dynamique, dont l'investissement initial sera le prix du contrat. La modélisation permet de quantifier prix et stratégie. Le calcul de ces contrats d'assurance ressemble beaucoup à celui des problèmes de contrôle stochastique classiques : vous visez une cible que vous essayez d'approcher le mieux possible. Toutefois, les outils mis au point pour des problématiques liées à la physique étaient assez différents de ceux dont on avait besoin en finance. Beaucoup de chercheurs du domaine du contrôle stochastique dans les années 1980 se sont intéressés à la finance, que ce soit sur des objets pratiques ou de la théorie pure.

En 1997, j'ai été détachée à l'École polytechnique pour développer une équipe de recherche en mathématiques financières et renforcer la formation des élèves dans ce domaine, notamment en deuxième et troisième années, et si possible les envoyer au master commun avec Paris VI. L'intérêt des élèves n'a cessé d'augmenter, surtout après que la formation a reçu une reconnaissance internationale.

Beaucoup de mes recherches ont été motivées par des questions issues de la pratique des marchés. Cela m'a conduit à des développements théoriques parfois surprenants. Ce sont ces allers et retours entre théorie et pratique qui m'ont vraiment passionnée. La recherche académique dans le domaine des mathématiques financières s'est développée de manière très importante sur la place de Paris, sous l'impulsion d'autres personnes comme Nicolas Bouleau de l'École des ponts, qui a lancé la voie des probabilités numériques, et Marc Yor du laboratoire de probabilités de Paris VI, membre de l'Académie des sciences. Trente années après ses débuts, la vitalité de ce domaine ne se dément pas. Par ailleurs, le monde professionnel a investi depuis plusieurs années de manière importante dans le soutien à la recherche académique, en créant deux fondations de recherche et en finançant un grand nombre de chaires. »

Équations différentielles stochastiques rétrogrades

« Une équation différentielle est une relation entre une fonction et ses dérivées. Elle est dite stochastique lorsqu'intervient un processus aléatoire. Dans les graphes ci-dessous, établis par la doctorante chinoise Mingyu Xu, nous voyons un exemple (simulé) de trajectoire d'un processus aléatoire que l'on appelle le brownien géométrique. Ce brownien correspond à la variation d'un cours (par exemple le dollar par rapport à l'euro) qui est aléatoire et que l'on estime en pratique par des méthodes statistiques.

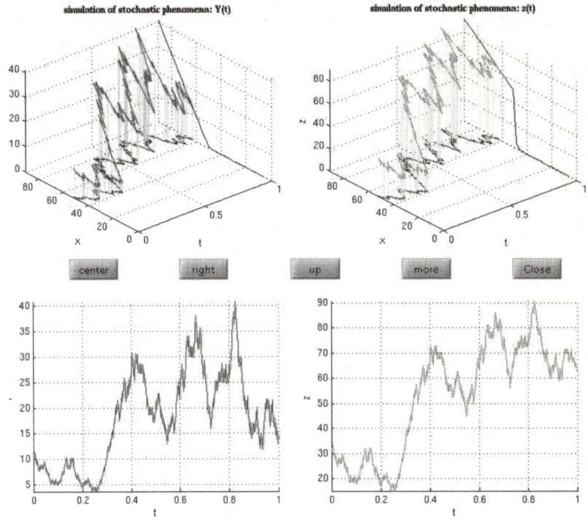

Estimant ce processus stochastique ainsi que la valeur de la prime de couverture, le problème de la finance consiste à construire deux fonctions, Y(t) et Z(t), la première correspondant à la valeur de l'option à tout instant et la seconde à la proportion d'actifs risqués du portefeuille qui permettra à l'assureur de garantir le prix d'exercice. Ces deux fonctions, ou portefeuille de couverture, permettent de diminuer le risque de l'option d'achat. Pour les calculer, on doit résoudre une équation différentielle stochastique. »

Les figures marquantes

« L'un des mathématiciens qui m'a le plus marquée a été sans conteste Paul-André Meyer (1934-2003). Après sa thèse, il s'installa à Strasbourg et s'y plut tellement qu'il ne revint jamais à Paris, malgré de nombreuses sollicitations. Au début des années 1970, avec son élève Claude Dellacherie, il mit au point la théorie générale des processus stochastiques. Si la théorie des probabilités et des processus est passée du statut d'une théorie mineure à un statut de théorie à part entière et reconnue, c'est en grande partie à lui qu'on le doit. Non content d'apporter la rigueur nécessaire à cette branche des probabilités, il avait également développé une école de probabilités qui a rayonné partout dans le monde. Ses qualités humaines y ont largement contribué. Il organisait plusieurs fois par an des rencontres (les Journées de probabilités de Strasbourg), auxquelles venaient des probabilistes de toute la France et de l'étranger, dont beaucoup de jeunes. C'est en allant parler lors de ces journées que j'ai eu mes premiers contacts avec lui. Par la suite, même si nous n'avons pas collaboré directement, mes premiers travaux, puis ceux sur le contrôle stochastique étaient très liés à ce qu'il faisait en théorie générale des processus.

J'ai ainsi eu la chance de voir naître une théorie autonome qui a pris son envol. L'école française de probabilités n'a cessé de se développer dans de nombreuses directions ; elle rayonne aujourd'hui toujours dans le monde entier comme l'atteste la première médaille Fields* de probabilités attribuée, il y a quatre ans, à Wendelin Werner, professeur à Orsay.

L'autre mathématicien qui a beaucoup compté pour moi fut Jacques Neveu (né en 1932). Je l'ai eu comme professeur en DEA. Ce grand monsieur de presque deux mètres à la voix de stentor m'a toujours fortement impressionnée. Il a une culture incroyable : quel que soit le sujet abordé, il comprenait tout de suite et avait toujours des remarques stimulantes à faire. J'ai mis longtemps à abandonner l'attitude "déférente d'étudiante à professeur" de mon année de DEA, ce qui fait par exemple que j'ai mis très longtemps à le tutoyer (alors que j'ai toujours tutoyé Paul-André Meyer). »

***Un requiem allemand* (1865-1868), Johannes Brahms**

« Issue d'un milieu protestant, j'ai grandi au milieu de la musique baroque. Si Bach reste pour moi une référence absolue, ce requiem de Brahms est sans doute la pièce de musique à laquelle je pense le plus souvent. Il s'agit d'une œuvre incroyable, à la fois dans la puissance, dans la profondeur de sa mélodie et dans les messages véhiculés. Même s'il s'agit d'une œuvre un peu à part dans le travail de Brahms, je trouve qu'il y a un jeu des voix et des instruments, des échos entre les pupitres, une variété de thèmes et de cultures musicales qui en font une pièce unique. Je peux l'entendre durant des heures sans me lasser. »

Regard sur la discipline

« À l'heure de cette crise mondiale que nous traversons, les mathématiques financières sont diabolisées et accusées de tous les maux. D'abord, je voudrais dire qu'il n'y a pas de mathématiques financières uniques en soi, mais qu'il y en a autant que de domaines d'application. Les mathématiques des produits dérivés sont quelque chose de très spécifique, puisque indissociables du monde des affaires. Par ailleurs, les mathématiciens ne sont pas ceux qui ont incité à la prise de risques inconsidérés et aux profits à court terme. Il ne sert à rien d'assassiner les mathématiques financières, ce qui ne veut pas dire que la réflexion sur la crise ne doit pas s'appliquer à elles aussi. Mais il serait sans doute plus pertinent de réfléchir au rôle des agences de notation financière qui notent les produits dérivés comme s'il s'agissait d'une entreprise.

Par ailleurs, différents indicateurs macroéconomiques ou financiers montraient clairement qu'une bulle spéculative sur le crédit et ses dérivés avait démarré aux alentours de 2004. Par exemple, dans les marchés à terme la croissance de 8 % à 10 % par an des années

2000 passe à 30 % par an à partir de 2004, tous produits à terme ou dérivés confondus. Lorsque les taux de croissance sont tels, c'est qu'on est dans une bulle spéculative. Mais tant qu'on gagne beaucoup d'argent, personne ne dit rien et on pense qu'on ne va jamais perdre. Puis quand tout va mal, on tire sur les mathématiques en les accusant de tous les maux. Il ne faut pas se tromper de cible.

La base de la finance, c'est la diversification : intervenir dans des secteurs différents avec des marchés et des acteurs différents. La titrisation – le transfert des actifs financiers – existe depuis longtemps, seulement elle procédait à partir de produits diversifiés. C'est la concentration des actifs financiers dans la titrisation des actifs immobiliers qui a abouti à la crise que nous connaissons. Les mathématiques sont certes un maillon de la crise, mais on ne peut pas tout leur imputer, pas plus qu'on ne peut reprocher à un fabricant de voitures un conducteur qui conduit mal. De toutes les façons, les modèles stochastiques continueront à couvrir les options, mais cette crise aura peut-être la vertu d'aider à réguler un peu les marchés…

L'histoire de la recherche en probabilités est symptomatique de la mainmise des matheux purs sur les mathématiques. Pendant longtemps, sous prétexte que les probabilités étaient associées à l'idée d'application, elles furent mal considérées à l'ENS. Lorsque j'étais étudiante, on prétendait que ce n'était même pas des mathématiques… Cela me fait bien rire aujourd'hui, car la théorie générale des processus est bien plus abstraite que beaucoup de théories mathématiques que je connais. Il y avait une méconnaissance étonnante de ce que sont les probabilités de la part de ceux qui les dénigraient. Le regard porté sur les probabilités a bien changé.

Les probabilités et leur enseignement sont nécessaires dans un monde de l'aléatoire où l'on est incapable de donner une réponse simple à des questions de plus en plus complexes. C'est une discipline qui n'est pas facile à enseigner, parce que le fait que l'on sache formaliser l'aléatoire n'est pas une trivialité. Les résultats de probabilités vont souvent à l'encontre de l'intuition. Toutefois, aujourd'hui nous disposons de moyens numériques extraordinaires. Sur n'importe quel ordinateur, on peut faire des simulations. L'abstraction est certes importante pour fixer le cadre, mais pour faire comprendre les choses rien ne vaut le concret. Ainsi, faire plusieurs tirages aléatoires qui n'ont l'air de ne rien avoir en commun alors qu'ils sont tirés selon la même loi permet de mieux comprendre ce qu'est l'incertain. »

PRINCIPAUX OUVRAGES

Promenade aléatoire, avec Michel Benaïm, Éditions de l'École polytechnique, 2005. Ouvrage universitaire qui regroupe de nombreux thèmes liés aux chaînes de Markov, à la simulation numérique, aux martingales ainsi qu'à différents aspects de la théorie de l'intégration.

Modèles stochastiques en finance, Éditions de l'École polytechnique, 2004. Introduction à la finance de marché et aux produits dérivés d'actions et de taux : méthodes d'évaluation et de couverture dynamique *via* les processus stochastiques.

École d'été de probabilités de Saint-Flour IX 1979, avec Peter J. Bickel et Marc Yor, Springer, 1981. Ouvrage universitaire qui fait le point sur la statistique robuste, les aspects probabilistes du contrôle stochastique et la théorie du filtrage.

7.

Denis Guedj

Romancier des mathématiques, il s'est fait connaître du grand public en publiant *Le Théorème du perroquet*. Prenant appui sur une intrigue policière, il nous fait traverser l'histoire des mathématiques à la rencontre des hommes et des théories qui ont jalonné cette discipline. Ce livre et d'autres ont le mérite de faire aimer les mathématiques hors du cercle des « amateurs éclairés ». Une vocation qu'il devait aussi à sa passion de toujours pour le cinéma et la littérature. Il a poursuivi cette ouverture en mettant les mathématiques en scène dans des pièces de théâtre ou dans des scénarios. Faire « fictionner les contenus » est le maître mot du travail qu'il avait entrepris.

† Cet entretien a été réalisé le 19 mars 2008. Denis Guedj a revu ce texte jusqu'à sa finalisation. Il s'est éteint à Paris le 24 avril 2010 à l'âge de 69 ans.

1940

Naissance à Sétif (Algérie)

1961

Entrée à la faculté des sciences

1967

Entrée au CNRS

1968

Cofonde avec Claude Chevalley le département de mathématiques de la faculté de Vincennes

1970

Membre de Survivre et Vivre créé par Alexander Grothendieck

1987

Premier livre : La Méridienne

1993

Professeur d'histoire des sciences et d'épistémologie à l'université Paris VIII

1998

Publication du Théorème du perroquet

La vocation

« Non, je n'ai eu aucune "illumination" mathématique dans mon enfance. En revanche, j'ai porté très tôt un grand intérêt aux mathématiques. Ce n'était pas une passion exclusive, car j'étais aussi attiré par la littérature, le cinéma et le théâtre. Mes parents ne m'ont pas encouragé à faire des mathématiques, ni découragé. Concernant mes études, mon père avait posé une contrainte : je devais obtenir le baccalauréat pour pouvoir quitter l'Algérie, que je n'aimais guère, et vivre à Paris, qui m'attirait plus que tout. J'ai obtenu cet examen qui m'ouvrait les portes de la capitale. Paris enfin !

La médecine était une sorte d'industrie familiale : mon grand-père, mon père, mes oncles et mes cousins étaient médecins. Et moi ? J'ai décidé que je ne serais pas médecin. Si je devais un jour être docteur, ce serait en mathématiques.

Pourquoi avoir choisi les mathématiques plutôt que la littérature par exemple ? Je suis d'origine juive. Ce que, tout enfant, j'avais pu apprendre sur l'extermination des juifs pendant la guerre et leur fuite de leurs pays d'origine pour échapper au massacre qui les attendait m'avait fait réfléchir. Les mathématiques étaient l'un des seuls métiers qui me permettraient de pouvoir travailler dans n'importe quel pays si d'aventure l'histoire venait à se répéter. Les mathématiques étaient une sorte d'espéranto qui me permettrait de gagner ma vie dans quelque endroit où je me trouve. Raison et passion donc. Ma première bijection : si chaque juif avait tué "son" SS, combien de SS hors d'état de nuire ? »

Le cursus

« Dès l'entrée à la faculté des sciences de Paris (à l'époque il n'y en avait qu'une), je me suis inscrit en mathématiques générales. J'ai passé une licence et l'équivalent d'un DEA. Travaux dirigés laborieux, cours magistraux, rien qui puisse enthousiasmer. Heureusement, j'ai découvert les mathématiques modernes, la théorie des ensembles, la théorie des ensembles transfinis* et j'ai eu le coup de foudre pour ces mathématiques-là. Quelque chose en elles me convenait. Je regrette profondément qu'elles aient été exclues de l'enseignement. Une occasion ratée.

J'ai travaillé un temps en liaison avec la Maison des sciences de l'homme avec l'ethnologue Robert Jaulin et le spécialiste des sciences de l'information Jacques Perriault. Très vite, j'ai obtenu un poste d'attaché de recherche fondamentale dans le service de neuropsychologie du professeur François Lhermitte à la Pitié-Salpêtrière. Une expérience qui m'a marqué. Tout en travaillant à l'hôpital, je poursuivais mes études. J'ai décidé d'entreprendre un doctorat de 3e cycle qui devait me conduire à une thèse d'État en linguistique mathématique. Ce choix n'était pas le fruit du hasard : dans les mathématiques, je retrouvais la langue, même si le rapport n'était que formel. »

L'apport aux mathématiques

Linguistique mathématique

« Mon travail concernait la théorie des grammaires formelles, familièrement nommées "grammaires à peignes" en référence aux "dents" des unités linguistiques qui s'insèrent comme un peigne dans la linéarité de la langue. Noam Chomsky a développé dans les années 1950 la théorie des grammaires génératives, objet formel apte à produire des ensembles de phrases par application de règles données. Ces grammaires ne prennent pas en compte la structure non connexe des langues naturelles, le fait qu'il y ait des insertions. Par exemple "ne... pas" est une seule unité linguistique composée de deux mots. C'est aussi le cas avec "ni... ni" ou bien "nous... ons". Ainsi, lorsque nous disons "nous mangeons", il y a d'une part l'unité linguistique "nous... ons" avec en insertion le verbe manger. Cette non-connexité se retrouve également dans le système de parenthèses en logique "(...)". Les grammaires à peigne permettent de tenir compte de cet aspect essentiel de la langue. Elles ne peuvent se déployer qu'à l'intérieur de la théorie des catégories.

C'est à partir du moment où j'ai commencé la recherche que les mathématiques m'ont véritablement passionné. Cela n'avait plus rien à voir avec ce que j'avais connu dans les amphithéâtres et dans les polycopiés. Il s'agit de se déplacer dans l'univers mathématique, de mettre en œuvre des concepts, de construire des "outils", de voir se déployer des théories. Tout à coup, ce que j'avais appris durant des années prenait sens. Mon rapport aux mathématiques changeait. Je me cultivais.

J'ai organisé un séminaire de linguistique mathématique qui a eu un certain succès. J'y ai fait des rencontres fructueuses. Par-dessus tout, j'ai eu la chance de travailler sous la direction de Jean-Paul Benzécri, un être tout à fait étonnant. Un grand mathématicien, excellent géomètre, fabuleusement cultivé et doté d'un humour irrésistible. Nous passions des heures à l'écouter. Sans doute l'homme le plus fin que j'aie connu. Il m'a beaucoup appris sur le plan des mathématiques, plus encore sur le plan culturel (il parlait parfaitement une quinzaine de langues). Il n'avait ni ambition professionnelle ni plan de carrière. Infiniment plus doué que nombre de ses collègues qui lui reprochaient de faire des mathématiques mineures, analyse des données et analyse des correspondances, dont il est l'un des créateurs.

Entre temps j'avais été nommé au CNRS. Une carrière de chercheur s'ouvrait à moi. Parallèlement, j'ai dispensé un enseignement dans le 3e cycle de théorie du signal. Tout cela a duré quelques années avant que les événements de Mai 68 m'en détournent, non sans bouleverser mon existence.

Claude Chevalley a été l'un des trois professeurs de la faculté des sciences à s'engager totalement dans l'aventure jusqu'à la fin, occupant les locaux avec les étudiants, quai Saint-Bernard, là où se dresse aujourd'hui l'Institut du monde arabe, et y dormant fréquemment. C'est là que je l'ai rencontré. À la rentrée de septembre, impossible d'imaginer que je pourrais demeurer dans cette faculté redevenue "normale" alors que j'y avais vécu les moments parmi les plus intenses de ma vie. Chevalley était habité du même sentiment. Avec lui nous entreprîmes d'entretenir ailleurs cet esprit de liberté qui nous avait galvanisés. J'ai démissionné du CNRS et j'ai été nommé maître-assistant à l'université. »

Histoire des mathématiques

« Parmi tous les projets d'universités nouvelles, l'un s'est concrétisé sous la forme du Centre expérimental de Vincennes. Avec Chevalley, nous y fûmes dès le premier jour, fondant le département de mathématiques, élaborant collectivement un nouveau type d'enseignement et créant des rapports nouveaux avec les étudiants. Ce fut une chance d'avoir vécu les premières années de cette université. Le savoir se mêlait à la subversion, l'action à la réflexion. Et puis il y avait les arbres et les oiseaux tout autour dans le bois. Je voulais comprendre le présent dans lequel j'étais plongé jusqu'au cou. Questionné par les rapports entre science et société, me voilà entraîné vers le passé, à Milet, à Athènes, à Syracuse… Avec les historiens Jean-Pierre Vernant, Pierre Vidal-Naquet, l'helléniste Marcel Detienne et le philosophe Cornelius Castoriadis, je tentais de mieux comprendre comment étaient nées notre façon de penser et notre manière de faire des mathématiques. J'étais taraudé par la question de la raison et par celle de la vérité qui lui est si intimement liée en Occident. Rationalité et démocratie en Grèce antique, transformation du statut de la vérité de ces "maîtres de vérité", persuasion et pouvoir. Et bien sûr, la question capitale de la preuve. Qu'est-ce qui fait preuve ? Dans telle société, tel champ du savoir, telle aire de la société, qui définit ce qu'est la preuve ?

Insensiblement, je suis passé de la philosophie à l'histoire, questionnée à partir de la philosophie. De la même façon que cette dernière avait répondu à certaines de mes questions, l'histoire des sciences le fit à son tour. J'étais comblé. L'histoire et l'épistémologie se sont présentées comme des moyens inespérés de comprendre ce qui de façon brûlante me posait question dans le monde où je vivais. Et cela dure encore !

Une grande partie de ce trajet, je l'ai accomplie aux côtés de Claude Chevalley. Durant plus de dix années, deux longs après-midi chaque semaine, nous avons parlé ensemble. Parlé et pas écrit. Remords de ma part ? J'ai dans les années 1980 fait quelques interviews rassemblées sous le titre *Conversation avec Claude Chevalley*. Mais ce recueil est inédit. Inédit parce que depuis sa mort, ses proches en ont empêché la diffusion. Peut-être faudra-t-il un jour passer outre cette interdiction.

Toujours est-il que ce fut, et cela reste, la rencontre capitale. Un cadeau qu'il me faisait, un cadeau que je me faisais. C'est avec lui que j'ai éprouvé ce que le contenu même du savoir mathématique pouvait comporter d'émotion. Étonnant quand on a à l'esprit l'image de Chevalley cofondateur du groupe Bourbaki* !

Que de choses j'ai comprises alors concernant les domaines que j'avais étudiés ! Et que mes études passées me parurent tristes! Je peste au souvenir de ces tranches de savoir expurgées de leurs dimensions historique et épistémologique, épurées de toute mise en perspectives, abandonnées sans problématique. La découverte des textes originaux est irremplaçable, non seulement pour les historiens, mais aussi pour les étudiants. Ces textes rédigés par les créateurs eux-mêmes permettent de saisir comment ils se sont emparés d'une idée et en ont fait un objet mathématique, comment ils ont été amenés à se poser les questions primordiales et quelles réponses ils leur ont apporté. Les vérités mathématiques ne sont pas des vérités absolues présentes de tout temps, elles sont produites par des hommes à une certaine époque, dans certaines circonstances. Découvrir cette dimension historique est un moyen passionnant de se réapproprier les mathématiques.

L'enseignement des mathématiques se poursuivra-t-il, aveugle aux origines des contenus qu'il emprisonne dans ses programmes corsetés ? Aujourd'hui, continuera-t-il à se dispenser exclusivement dans les manuels ? Une partie de mon travail consiste à rendre manifeste cette dimension émotionnelle présente dans la création du savoir scientifique. La naissance d'un concept est toujours une aventure. Bien entendu, personne n'opposera émotion et rigueur, les déclarant incompatibles. Chacun sachant que la rigueur sans émotion vire très vite au formalisme mortifère et que l'émotion sans rigueur tient rapidement lieu d'épanchement privé ou de pures sensations qui n'ont pas leur place dans ce qui nous concerne ici. »

Mathématicien et écrivain

« Lorsque les événements de 1968 et leurs effets se sont estompés, j'ai eu besoin de me retirer et de retrouver des intensités que le présent n'offrait plus. C'est dans l'écriture que je les ai trouvées. J'ai commencé à écrire *Génis ou le bambou parapluie*, un roman botanique qui mettait en jeu la chronobiologie. Son écriture m'a accompagné durant des années et m'a permis de traverser cette période sombre et d'éprouver le plaisir renouvelé d'une écriture travaillée jusqu'à la satisfaction.

Le cinéma a été une autre manière d'entrer dans l'écriture. J'avais co-réalisé en 1978 un long-métrage *La vie t'en as qu'une* (dans lequel nous mettions en scène la subversion de la société dix ans après 1968) et également plusieurs courts-métrages. Après le succès de ce premier film, je me suis lancé dans l'écriture d'un projet ambitieux : bâtir une fiction relatant la naissance du système métrique. Tous les ingrédients d'une bonne histoire visuelle étaient là : le suspense, l'aventure historique et géographique que représentait la traversée de la France dans cette époque révolutionnaire, mais aussi l'aventure épistémologique que fut la naissance du concept "mètre". En 1987, j'avais obtenu le prix du meilleur scénariste. J'étais très fier de ce projet… qui n'a pourtant pas abouti. Cela m'a beaucoup fâché. Puisque je ne pouvais pas porter cette histoire à l'écran, je décidais de la raconter dans un ouvrage. D'autant que de manière étonnante aucun livre n'avait été écrit sur cette extraordinaire histoire. *La Méridienne* fut mon premier livre, publié en 1987.

Suite à quoi, j'ai eu une très grosse commande de la Société française de production (SFP) pour réaliser douze films de fiction de 90 minutes sur l'histoire des mathématiques. Il s'agissait de relater l'histoire du monde à travers l'histoire des mathématiques ou de celle d'un mathématicien. J'ai écrit cinq scénarios… et puis la SFP a été privatisée et tout ce beau projet est tombé à l'eau. Mais j'ai énormément appris dans ce travail, autant en histoire des mathématiques que dans la technique de la fiction cinématographique. Le cinéma et la télévision étaient bien trop compliqués pour moi !

J'ai poursuivi en écrivant quelques ouvrages, souvent en lien avec les mathématiques. En 1997, les Éditions du Seuil m'ont sollicité pour écrire un roman sur – je dirais plutôt avec – l'histoire des mathématiques… Cela a été *Le Théorème du perroquet.* »

Vulgarisation et dramatisation

« Il y a une différence profonde entre vulgarisation et dramatisation. La question principale que se pose le vulgarisateur est : "Quels sont les moyens que je vais mettre en œuvre pour "faire passer" ce que je sais ?" Il s'agit donc principalement d'une question de moyens. Il en va tout autrement de l'entreprise de dramatisation que j'explore depuis plusieurs années. L'enjeu étant de mettre en fiction les concepts, acteurs de plusieurs de mes romans. Dit autrement, quelles questions posent le fait de considérer un concept comme un personnage – en minimisant la part d'anthropomorphisme – et qu'est-ce que l'on découvre de ce concept lorsqu'on le questionne du point de vue de la dramaturgie ?

L'infini, la notion d'ensemble, le zéro, le mètre, le méridien… C'est ce que j'ai fait dans le livre *Zéro*, une absence traitée comme une présence, du long passage de la place vide babylonienne, au nombre nul indien.

Cette mise en fiction est également essentielle dans mon dernier roman, *Villa des hommes*, qui retrace l'improbable rencontre dans un hôpital psychiatrique allemand en 1917 entre Hans Singer (double fictionnel de Georg Cantor) et un soldat français, conducteur de locomotive, autodidacte et libertaire. Le roman met en jeu les notions d'ensemble et d'infini que j'ai fait "travailler ensemble" dans une complicité épistémologique qui nourrit le rapport entre ces deux hommes.

J'ai procédé de même dans *Les Cheveux de Bérénice* sur la première mesure de la Terre par Ératosthène. Les données historiques militent en faveur de l'utilisation d'un bématiste, un compteur de pas professionnel. Étonnamment, personne n'avait pris en compte cette hypothèse. J'ai procédé à une "expérimentation de l'hypothèse bématiste", armé d'une exigence de cohérence et de plausibilité. Cette expérimentation est devenue le moteur principal du roman.

Si la Terre n'était pas ronde, on n'aurait pas pu la mesurer. En quelque point que l'on se trouve sur la Terre, on peut en effet la mesurer. Parce qu'elle est ronde et qu'elle est polarisée. L'existence des pôles entraîne l'existence d'une direction privilégiée : la direction Nord-Sud, portée par le méridien du lieu. Elle permet de savoir si l'on se déplace sur un grand cercle, qui n'est rien d'autre que le tour de la Terre. Nous ne disposerions pas de cette possibilité et de cette chance si nous nous trouvions sur un disque, hypothèse qui a prévalu durant des millénaires. En un point quelconque d'un disque, on est dans l'impossibilité d'évaluer sa taille parce qu'il n'existe aucune direction privilégiée qui nous permettrait d'en prendre la mesure. On ressent ici la différence radicale entre la dimension 2 et la dimension 3.

En écrivant ces romans, j'ai éprouvé que les histoires de science que l'on retient, celles que l'on se transmet, sont d'abord de belles histoires. La vérité scientifique et historique ne suffit pas pour que ces vérités nous concernent. »

Les mathématiques mises en scène

« Ayant eu une longue expérience d'écriture de romans et de scénarios, je me suis mis assez tardivement au théâtre. Le théâtre, c'est pour moi l'art le plus intense. Lorsque vous jouez une pièce, toute votre personne est engagée. À travers ce nouveau type d'écriture, j'ai expérimenté une différence fondamentale entre deux domaines des mathématiques, la géométrie et l'arithmétique. Après avoir écrit une première pièce de théâtre, le *One zéro show*, qui met en scène deux personnages, le 1 et le 0, dans le théâtre des opérations, j'ai produit une seconde pièce qui est une pièce géométrique *(Du point... à la ligne).* C'est en travaillant sur cette pièce que j'ai éprouvé qu'on ne pouvait pas faire le même type de théâtre qu'avec l'arithmétique. En arithmétique, aucun déplacement n'atteint l'identité d'un nombre et par conséquent vous pouvez déplacer les personnages où bon vous semble. Dans le théâtre géométrique, si vous utilisez les règles mathématiques, c'est tout bonnement impossible. Le théâtre m'a fait ressentir une dimension de la différence de nature entre l'arithmétique et la géométrie, un exemple frappant du fait que l'écriture vous transforme, et peut-être plus encore l'écriture théâtrale. La dimension épistémologique a des conséquences dramaturgiques théâtrales. »

Les figures marquantes

« Plusieurs rencontres m'ont amené à devenir ce que je suis et à faire ce que je fais. À commencer par Claude Chevalley (1909-1984). Nous sommes restés très liés jusqu'à sa mort. Nous nous sommes rencontrés chez lui plusieurs fois par semaine pour discuter politique, littérature, mathématiques ou philosophie. Dans les années qui ont suivi 1968, entre deux manifestations auxquelles nous prenions part, nous nous retrouvions pour discuter, un peu à la manière des salons du XVIIIe siècle. Le contraste entre ces discussions apaisées et douces et la violence des événements du dehors était frappant : parenthèses de calme au milieu de la tourmente vivifiante. Nous avons beaucoup réfléchi et appris ensemble ; il est celui qui m'a le plus profondément marqué et pour lequel j'ai une affection profonde. Un père-frère, un complice.

J'ai aussi connu un mathématicien extraordinaire : Alexander Grothendieck (né en 1928), figure mythique des mathématiques (considéré comme l'un des plus grands mathématiciens du XXe siècle, médaille Fields* en 1966, ayant refusé le prix Crafoord en 1988). Je l'ai connu non pas à travers son enseignement, mais par son engagement militant. Après 1968, il était en poste à l'IHÉS, l'Institut des hautes études scientifiques. Il s'est un jour aperçu – ce que tout le monde savait – qu'une partie des crédits de l'institut provenait de l'armée. Pour lui, apatride qui avait été déporté dans le Sud de la France pendant la guerre, profondément antimilitariste, c'était une abomination. Il a demandé sur le champ que l'institut refuse cet argent. Ses collègues ont tenté de l'apaiser. C'était mal le connaître. Grothendieck a démissionné. Il a fondé peu après le groupe écologiste, antimilitariste, antinucléaire et politique "Survivre".

Au départ, ce groupe était principalement composé de ses vieux camarades anarchistes espagnols, qu'il avait connus lorsqu'il était dans un camp dans le Sud de la France. Puis il s'est ouvert à d'autres. Chevalley l'a rejoint, ainsi que Pierre Samuel (1921-2009), un algébriste qui avait également participé à Bourbaki. Chevalley m'a proposé de les rejoindre. Je ne me reconnaissais pas dans le pacifisme affiché du groupe. En revanche, j'estimais que l'écologie, dimension nouvelle pour moi, posait de vraies questions. Ma venue dans le groupe a eu un petit effet, au titre "Survivre" on a adjoint "et vivre". Il n'est pas exagéré de dire que ce groupe constitua les prémices de l'écologie politique.

Avec Grothendieck, nous partions dans ma 2CV à travers les routes de France pour rencontrer toutes sortes de gens, des étudiants, des professeurs, les premiers militants écologistes et de nombreux agriculteurs qui – déjà – avaient fait le choix de l'agriculture biologique. En raison de la notoriété de Grothendieck, lorsque nous arrivions dans de petites bourgades, Apt, Neuvic-d'Ussel (la base arrière de Jacques Chirac), etc., nous avions droit aux sous-préfets et aux notables du coin. Inutile de décrire leur stupeur devant notre allure, puis leur fureur quand ils comprenaient qu'ils s'étaient trompés sur la marchandise et que ce professeur au Collège de France portant sandales était un dangereux (et très pacifique) agitateur. La plupart de ses idées, notamment sur le nucléaire, se sont révélées justes, contrairement aux discours des idéologues qu'on pouvait alors entendre. Nous étions tellement dans la militance que nous avons finalement peu parlé de mathématiques. Le groupe s'est dissous au milieu des années 1970, ses membres se dispersant, et Grothendieck est parti dans l'Hérault, où il vit maintenant coupé du monde depuis plusieurs années. »

Amadeus (1984), Milos Forman

« Mozart allongé sur son lit, brûlant de fièvre, Salieri assis devant une petite table, au pied du lit. Une partition vierge est posée sur la table. Un chandelier éclaire la scène. Mozart dicte à Salieri la partie finale du *Requiem*, que celui-ci lui a commandé et qui doit précipiter sa mort, suivant les termes de la fiction de Peter Shaffer. On voit naître les huit premières mesures.

C'est la première fois qu'ils sont "ensemble", réunis comme jamais par la musique. Salieri note chaque indication de Mozart. Parfois il ne "comprend" pas le passage que Mozart est en train de créer devant lui. Puis, cela lui devient clair. Il exulte.

— *La* mineur. *"Confutatis"*, *la* mineur. D'abord les voix. Les basses.

— Quelle mesure ? Quelle mesure ? s'irrite Salieri.

— À quatre temps. Deuxième temps de la première mesure, en *la*. *"Confutatis"*.

Mozart chantonne derrière l'orchestre qui joue la musique qui vient de naître sous nos yeux.

— Deuxième mesure, deuxième temps. *"Maledictis"*. Vous y êtes ? Deuxième temps de la troisième mesure en *mi*. Faites voir ?

Mozart tend la main, insistant. Il lit la feuille que lui tend Salieri. La musique et les voix accompagnent la lecture de Mozart. *"Flammis acribus addictis. Voca me cum benedictis"* (Après avoir confondu les maudits, les avoir conduits au feu éternel).

— Et maintenant les ténors. Quatrième temps de la première mesure en *do*. *"Confutatis"*. Deuxième mesure, quatrième temps en *ré*. *"Maledictis"*. Deuxième temps de la quatrième

mesure en *fa.* *"Flammis acribus addictis"*. Maintenant, l'orchestre. Second basson, trombone basse, avec basse. Note identique, même rythme.
Le basson résonne.
— Premier basson, trombone ténor. Avec les ténors.
Amadeus chantonne à l'unisson avec l'orchestre.
— Vous allez trop vite, s'irrite Salieri.
— Est-ce que vous y êtes ?
— Vous allez trop vite.
Salieri veut continuer. Mozart épuisé :
— Nous finirons le *lacrimosa* un peu plus tard.
Les grelots de la voiture qui ramène Mme Mozart, rentrant à la maison, accompagnent la fin du *Requiem.*
Il s'agit pour moi d'un des plus beaux passages de dramatisation "technique", intérieure à la composition musicale elle-même. »

Regard sur la discipline

« L'enseignement des mathématiques n'a pas cessé de me préoccuper. Je viens d'ailleurs de lui consacrer un ouvrage, intitulé *Les Mathématiques expliquées à mes filles* (j'ai trois filles). En préambule, je tiens à rendre hommage à tous ces professeurs de mathématiques qui sont impliqués dans un travail quotidien, continu, souvent très difficile. Malgré cela, il me semble que le sens est tragiquement absent des cours de mathématiques. Ce devrait être la priorité : donner du sens, ou plutôt le révéler. Pour exemple, l'irruption à brûle-pourpoint d'un nouvel objet mathématique est ressentie comme une violence par les élèves. Ce nouveau venu devrait être "présenté" de la même façon qu'on présente un nouvel arrivant dans une assemblée. Après un cheminement permettant à l'élève de prendre la mesure de l'idée présidant à la création du concept, et seulement après, on poserait la définition, acte de naissance officiel de l'objet dans l'univers mathématique. Par ailleurs, il faudrait insister davantage sur le fait que les mathématiques sont également un langage et qu'on s'exprime dans un langage. Comment pourrait-il en être autrement ? Ceci est loin d'être évident pour nombre d'élèves. Ne serait-il pas utile d'avoir des cours de langue mathématique, avec version, thème et exercices d'écriture ? »

PRINCIPAUX OUVRAGES

Les Mathématiques expliquées à mes filles, Éditions du Seuil, 2008. « On a le droit de ne pas aimer les mathématiques, mais quel plaisir quand on les comprend » pourrait être la devise de ce livre visant à décomplexer le lecteur sur la difficulté supposée des mathématiques.

Villa des hommes, Robert Laffont, 2007. La vie et les mathématiques de Cantor vues à travers la rencontre de deux hommes dans un hôpital psychiatrique.

Zéro ou les cinq vies d'Aémer, Robert Laffont, 2005. L'histoire romancée de l'invention de ce nombre qui n'en est pas un.

Les Cheveux de Bérénice, Éditions du Seuil, 2003 (réédition en 2007). Dans l'Antiquité, l'aventure de la première mesure de la circonférence terrestre par Ératosthène.

La Bela. Autobiographie d'une caravelle, Éditions du Seuil, 2001. Une autobiographie d'une caravelle de Christophe Colomb.

One zéro show et *Du point… à la ligne*, Éditions du Seuil, 2001. Deux courtes pièces, l'une arithmétique, l'autre géométrique. Une genèse des concepts de base des mathématiques.

Le Mètre du monde, Éditions du Seuil, 2000 (réédition en 2003). La genèse du concept du mètre. Au début de la Révolution française, la mesure d'un degré de méridien terrestre qui a abouti au système métrique. Nouveau titre de *La Méridienne* (paru aux Éditions Robert Laffont en 1987).

La gratuité ne vaut plus rien : Les chroniques mathématiciennes de Libération, avec Laurent Carnoy, Éditions du Seuil, 2000. Recueil de chroniques parues durant trois ans dans *Libération*. Il s'agissait pour l'auteur de porter un regard sur l'actualité à travers les idées des mathématiques. Édition poche de

Denis Guedj

La gratuité ne vaut plus rien et autres chroniques mathématiques (1997).

Génis ou le bambou parapluie, éditions du Seuil, 1999 (réédition en 2001). Premier livre écrit par l'auteur et celui dont il se sent le plus proche, mais aussi le plus éloigné des mathématiques, car il traite de botanique et de chronobiologie.

Le Théorème du perroquet, Éditions du Seuil, 1998 (réédition en 2000). À travers le legs d'une fabuleuse bibliothèque, l'auteur retrace deux mille ans d'histoire des mathématiques. Son plus grand succès à ce jour.

L'Empire des nombres, Gallimard, 1996. L'histoire de l'invention des nombres de Pythagore à Cantor.

La Révolution des savants, Gallimard, 1988 (réédition en 2004). Le rôle des savants français dans une époque révolutionnaire où l'on cherche à intégrer la science au monde politique.

8.

Maxim Kontsevich

La naissance à Moscou dans les années 1980 de la théorie conforme des champs* a poussé ce pur produit de l'école mathématique soviétique à s'intéresser aux liens entre les mathématiques et la physique théorique. En liaison avec les progrès en topologie* des années 1980, ses recherches ont depuis révolutionné un pan de l'algèbre abstraite*. Il continue d'explorer les mathématiques de la physique en s'intéressant à la quantification, ce passage mal défini entre le monde classique et le monde quantique.

1964

Naissance à Khimki (banlieue de Moscou)

1985

Diplôme de l'université de Moscou

1992

Thèse à l'université de Bonn

1993

Professeur à Berkeley

Depuis 1995

Professeur à l'IHÉS
(Institut des hautes études scientifiques)

1998

Médaille Fields

2008

Prix Crafoord

La vocation

« Mes parents n'étaient pas scientifiques, mais mon frère aîné aimait les mathématiques et m'a fait partager sa passion. Très jeune, avant 10 ans, il m'apprenait les mathématiques et me faisait faire des exercices. J'aimais beaucoup cela. J'ai aussi bénéficié du système de détection, qui commençait très tôt en URSS. Ainsi, vers 10 ans, j'ai participé à mon premier concours de mathématiques. En une quinzaine de minutes, ayant terminé les exercices de mon niveau, je me suis amusé à faire les exercices des niveaux supérieurs. J'étais en classe 4 (en Russie, on compte les classes de 1, que l'on commence vers l'âge de 7 ans, jusqu'à 10, qui correspond à la terminale) et j'ai fait tous les problèmes jusqu'à ceux de la classe 8. Cette facilité pour les mathématiques a fait bonne impression auprès de mes enseignants qui m'ont fait sauter une classe : j'ai commencé l'année en classe 4 et l'ai terminée en classe 5.

Plus tard, à 13 ans, en classe 8, j'ai été admis dans une classe spéciale de mathématiques à Moscou. La même année, j'ai passé le concours national de mathématiques (une sorte de concours général). Lors de ce concours, j'ai terminé deuxième (le premier était Alexander Razborov, aujourd'hui mathématicien à l'université de Chicago). La classe spéciale a été un grand changement sur le plan des études, car l'enseignement des mathématiques y était plus poussé, mais aussi à cause du transport. Je suivais jusqu'alors ma scolarité au collège de la banlieue de Khimki où j'habitais. Pour suivre cette classe spéciale, je devais aller tous les jours dans un établissement moscovite éloigné de chez mes parents : je mettais une heure trente pour m'y rendre en transport en commun. Le système de classes spéciales de sciences avait été créé dans les années 1960 par le mathématicien Andrei Kolmogorov. Le but était de repérer les élèves ayant des aptitudes pour les mathématiques afin de nourrir leur envie d'apprendre. En plus des cours normaux, des étudiants d'université, qui avaient suivi le même cursus, nous dispensaient deux ou trois heures par semaine de cours approfondis. Plus tard, lorsque j'ai eu 18 ans, j'ai enseigné dans ces classes spéciales.

Durant cette période de lycée, j'aimais beaucoup les mathématiques. Je lisais déjà des livres de mathématiques avancées, par exemple des cours de topologie algébrique* ou d'analyse*. Je sentais que je serais mathématicien.

Ma scolarité s'est donc poursuivie sans histoire dans ce lycée moscovite. Arrivé en classe 10, la dernière du cursus, en 1980, nous projetions avec mon camarade Razborov de participer aux Olympiades internationales de mathématiques. Cette année-là, les épreuves devaient se tenir en Mongolie. Pour des raisons de dissensions internes au sein du gouvernement mongol, peut-être liées au boycott des Jeux olympiques de Moscou, les Olympiades de mathématiques ont été annulées. Du coup, nous n'avons jamais participé à celles-ci… »

Le cursus

« À l'âge de 15 ans, je suis entré à l'université de Moscou, la plus grande université d'URSS. Chaque année, 400 élèves de tout le pays venaient pour y démarrer un cursus de mathématiques. Contrairement à l'usage en France, le choix de la matière se fait dès la première année. Nous avions bien sûr quelques cours de physique ou d'histoire du parti communiste, mais la grande majorité de l'enseignement consistait en des mathématiques. Or, ce que j'avais appris durant mes classes spéciales et ce que j'avais lu par moi-même était suffisant, de sorte que je n'ai jamais eu à suivre les cours de l'université : je connaissais déjà tout ce qui y était enseigné. Cela m'a donné du temps pour approfondir ce que je savais.

L'université était encore plus éloignée du domicile familial que ne l'était le lycée. Deux heures de transport le matin et la même chose le soir. Je partais tôt, je rentrais tard et il faisait froid. Résultat, pendant les premiers mois, j'étais toujours malade, grippé ou enrhumé. Un beau jour de décembre, on nous annonce que tous les étudiants devaient s'inscrire à une activité sportive, faute de quoi nous serions renvoyés de l'université. La menace était sérieuse, d'autant que le statut d'étudiant nous permettait d'éviter le service militaire obligatoire de deux ans, à cette époque particulièrement dangereuse où beaucoup de conscrits étaient envoyés sur le front en Afghanistan. Du coup, j'ai intégré l'équipe de rugby dans laquelle jouaient des amis de mon frère, beaucoup plus sportifs que moi. J'ai disputé deux matchs dans la neige. Je n'étais pas bon et c'était tellement pénible que je n'ai plus jamais joué. Mais j'avais le papier signé prouvant que j'étais inscrit au rugby et j'ai ainsi évité le service militaire !

J'ai commencé à fréquenter des séminaires de mathématiques, éléments essentiels de la vie mathématique soviétique. Je me souviens en particulier de deux d'entre eux. Tout d'abord le séminaire d'Israel Gelfand, qui allait devenir mon "patron". Les séminaires de Gelfand étaient de véritables institutions. Chaque lundi soir à 18 h plus de deux cents personnes, venues parfois d'autres villes, attendaient dans cet amphithéâtre de l'université le début du spectacle. Car c'était un vrai spectacle, qui durait plus de quatre heures. Il fallait avoir dîné avant et on rentrait avec le dernier métro. Les sujets étaient choisis en secret et on ignorait même qui serait l'orateur avant que cela ne commence. Gelfand était un Monsieur Loyal efficace et très à son aise. C'était une leçon publique de la manière dont ce mathématicien étonnant appréhendait les mathématiques.

Parmi les autres séminaires de mathématiques, je me souviens également de celui de Yuri Manin, l'un des pivots de l'école de Moscou, qui m'impressionnait au point que je n'osais pas lui parler. Par la suite, il est devenu professeur à l'Institut Max-Planck de Bonn et nous nous sommes rencontrés à nouveau. C'est aujourd'hui un ami et nous avons même écrit un article ensemble.

En troisième année d'université, il fallait se choisir un "patron" de mémoire. Pour moi, il était clair que ce serait Gelfand. J'ai commencé à travailler sur les algèbres de Lie* avec Alexandre Kirillov, qui avait été étudiant de Gelfand. Il s'agissait de très jolis problèmes que j'avais découverts lors de son séminaire et qui m'avaient bien plu.

Après avoir terminé leur cinq années d'université, la plupart des jeunes diplômés russes partaient dans l'industrie ou la défense. Il se trouve qu'après mon diplôme, j'ai obtenu un poste à l'Institut des problèmes de transmission de l'information, un institut réputé avec beaucoup de laboratoires. J'y connaissais du monde : mon frère travaillait dans le laboratoire d'intelligence artificielle et le fils de Gelfand dans le laboratoire de codage de l'information. C'est ce dernier laboratoire, très lié aux mathématiques, que j'ai rejoint en 1985.

Au sein de cette petite structure d'une dizaine de chercheurs, nous jouissions d'une grande liberté. Les seules obligations étaient d'assister le mardi après-midi au séminaire et d'écrire un ou deux articles par an sur des sujets en liaison avec ceux du laboratoire. Mais finalement, durant les cinq années que j'y ai passées, j'ai dû écrire deux articles seulement sur des sujets qui intéressaient directement le laboratoire... Son directeur, Roland Dobrouchine, n'appréciait pas beaucoup. À cette époque, j'avais beaucoup d'amis musiciens, je jouais du violoncelle et je faisais des travaux de mathématiques. Je me suis mis aussi à m'intéresser de près à la physique statistique, influencé par les idées de Dobrouchine. »

L'apport aux mathématiques

La théorie conforme des champs

« Au moment où j'ai rejoint le laboratoire, la théorie conforme des champs était en plein essor. Cette nouvelle théorie, variété particulière de la théorie des champs et qui est une base de la théorie des cordes, venait d'être inventée à Moscou par trois physiciens théoriciens, Alexander Polyakov, Alexander Belavin et Alexander Zamolodchikov. Assistant à une conférence sur le sujet, j'ai été passionné par ces avancées résultant de l'interaction entre mathématiques et physique. Ces avancées mettent en jeu des algèbres de Lie, de la géométrie algébrique* et des systèmes aléatoires.

Le fait de travailler dans ce laboratoire sur de la physique statistique a élargi ma perspective. Ma collaboration avec des physiciens m'a permis d'obtenir des résultats sur les invariants topologiques à partir de la théorie conforme des champs. Comme je n'avais toujours pas passé de thèse, je m'étais dit que je pourrais prendre ce domaine comme sujet. Malheureusement, Alexander Beilinson, un mathématicien plus âgé que moi, avait déjà traité le sujet. Aussi y ai-je renoncé. Le directeur de mon laboratoire m'ayant prévenu que passer une thèse ne changerait rien à mon statut, j'ai laissé tomber, pour un temps du moins.

J'ai commencé à faire quelques voyages à l'étranger. D'abord à Varsovie. Puis en 1988, j'ai été invité à Marseille, comme spécialiste de physique statistique. Je n'étais pas vraiment connu sur ce sujet, mais Roland Dobrouchine a tenu à ce que j'y aille. À cette époque, le gouvernement soviétique encourageait les déplacements à l'étranger de ses chercheurs (nous étions en pleine *perestroïka*). Durant ce séjour français, je me suis rendu à Strasbourg pour une rencontre entre mathématiciens et physiciens. Enfin, je passai une semaine à l'IHÉS, à Bures-sur-Yvette. Cette visite intervint durant une importante grève des transports, de sorte que je fus bloqué à Paris pendant deux nuits au Parisiana, un hôtel qui n'existe plus, près du Panthéon. En déclinant mon métier, les vieilles dames qui tenaient l'établissement m'ont dit "puisque vous êtes mathématicien russe, nous allons vous donner une chambre spéciale" et je me suis retrouvé dans une chambre où Nikolaï Luzin (1883-1950), un célèbre mathématicien russe, avait séjourné...

En 1990, j'ai été invité à passer trois mois à l'Institut Max-Planck de Bonn. À la fin de ce séjour, j'ai assisté à une *Arbeitstagung*, l'une de ces conférences annuelles très prisées, haut lieu de rencontres et d'échanges informels entre mathématiciens. Cette année-là, le libano-britannique Michael Atiyah, une sommité mondiale (médaille Fields* 1966, prix Abel* 2004), donnait un séminaire absolument surprenant sur la conjecture* de Witten, qui stipule que deux modèles de gravitation quantique sont équivalents. J'avais assisté au séminaire le matin. Je fus tellement subjugué que je ne suis même pas allé à la réception du soir tant je voulais creuser les idées qu'il m'avait inspirées. Deux jours plus tard, lors d'une croisière sur le Rhin organisée dans le cadre de la conférence, j'ai exposé mes idées à Atiyah. Ce n'était pas la réponse à la conjecture, mais une percée importante. J'ai résolu ensuite cette conjecture, ce qui m'a valu de revenir à l'Institut Max-Planck.

Pour résoudre la conjecture, j'ai notamment utilisé les diagrammes de Feynman, des diagrammes très connus en physique théorique, dont j'ai adapté l'utilisation pour résoudre des problèmes de mathématiques pures. Aujourd'hui, l'utilisation de ces diagrammes en mathématiques a débouché sur une véritable industrie, dédiée à l'étude de diverses questions en algèbre* et en topologie.

Ayant eu une opportunité, j'ai quitté mon laboratoire de Moscou pour m'installer à Bonn, où je suis resté quatre ans. La résolution de la conjecture de Witten est devenue mon sujet de thèse, que j'ai enfin soutenue à Bonn sous la direction formelle de Don Zagier, alors co-directeur du Max-Planck, aujourd'hui professeur au Collège de France. J'ai aussi beaucoup voyagé. Quelques mois à Harvard, quelques mois à Princeton. À Moscou, je me suis marié avec une Russe rencontrée dans un cours de français... En 1992, invité à une conférence à Paris, j'ai exposé mes résultats sur l'utilisation des diagrammes de Feynman. En 1994 est arrivée une proposition pour un poste à Princeton en même temps qu'un poste à Berkeley. J'ai choisi Berkeley car j'y avais des amis et parce que mon frère, devenu informaticien, habitait alors San Francisco. »

Les diagrammes de Feynman

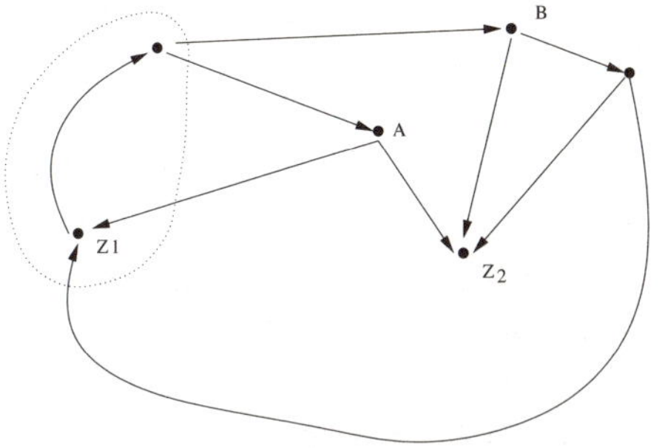

« Dans les années 1940, les physiciens américains Richard Feynman et Freeman Dyson ont inventé un moyen graphique pour visualiser des calculs décrivant l'interaction entre particules ainsi que leur désintégration. La motivation de cette invention était d'offrir des outils simplifiant les calculs des "intégrales de chemin" qui interviennent dans ces théories. Ces "diagrammes de Feynman" sont depuis lors très utilisés en physique, que cela soit pour faire des calculs en théorie quantique des champs ou pour la physique statistique. Or, les formules sur lesquelles nous autres mathématiciens travaillons en algèbre sont souvent très compliquées. Avec les diagrammes de Feynman, en agençant correctement quelques dessins, on parvient à représenter la même formule de manière plus visuelle. Il y avait même des formules qu'on imaginait mais qu'on était incapable d'écrire... Grâce à l'utilisation des diagrammes de Feynman en mathématiques, c'est désormais possible. Mais attention, cela ne veut pas dire qu'on peut les calculer : chaque diagramme représente une intégrale qu'on ne sait pas forcément calculer. Il y a encore des années de travail dans cette voie. »

Symétrie miroir

« J'ai passé un an à Berkeley, mais je n'y étais pas vraiment heureux, sans que j'arrive à comprendre vraiment pourquoi. Durant cette année, je n'ai pas écrit un seul article. J'étais comme bloqué. J'ai tout de même donné un cours sur la théorie des déformations*. Au début, avec mon épouse, nous louions une maison. Au bout d'un an, nous nous apprêtions à acheter pour nous installer. Choix qui s'est révélé plus difficile : nous avons visité beaucoup de maisons avant de nous décider. Au printemps 1995, alors que nous nous étions décidés, le destin frappe à ma porte : la veille de la signature pour l'achat de la maison, je reçois la lettre qui me propose de rejoindre l'IHÉS. Cette offre me plaisait beaucoup. J'ai accepté. L'année même, ma femme et moi avons donc quitté les États-Unis pour rejoindre la France où notre fils devait naître quelques années plus tard.

En 1994, invité à donner une conférence plénière à la Conférence internationale des mathématiques à Zurich, j'ai choisi de parler des symétries miroirs. L'énoncé mathématique est très technique. Disons qu'il concerne l'existence d'une relation entre deux espaces de même dimension qui transforme certains problèmes sur l'un des espaces en des questions plus simples sur l'autre. Habituellement, lors de ces conférences, on traite de choses bien établies. Avec les symétries miroirs, nous étions dans la conjecture la plus totale et je me suis lancé avec un peu de bravoure.

Alors que je m'apprêtais à envoyer le texte de la conférence, je me suis aperçu qu'une démonstration était incomplète. Je l'ai tout de même envoyé en me disant que l'on trouverait certainement le moyen de corriger ce manque. Et ce moyen a été trouvé par d'autres mathématiciens.

C'est un résultat dont je suis particulièrement fier, car il a un grand impact en théorie des cordes : ce que les physiciens ont découvert par la suite sous le nom de théorie des branes – une extension de la théorie des cordes – est en fait une utilisation des algèbres abstraites de ma conjecture sur les symétries miroirs.

Ce sont mes travaux sur la conjecture de Witten, sur les invariants topologiques, sur la symétrie miroir et sur la quantification par déformation qui m'ont valu la médaille Fields en 1998. En 2008, j'ai reçu une autre récompense prestigieuse : le prix Crafoord. Cette reconnaissance m'a fait d'autant plus plaisir que le prix n'était pas donné souvent. Il récompense chaque année un des trois domaines suivants : l'écologie, les sciences de la Terre, enfin l'astronomie et les mathématiques regroupées étrangement sous la même enseigne. Or, depuis la création du prix en 1980, il était donné alternativement en astronomie et en mathématiques, jamais ensemble, ce qui faisait une périodicité de six ans pour ces disciplines. Mais en 2007, l'avocat de la fondation Crafoord a exigé que conformément à la volonté d'Holger Crafoord (1908-1982), l'industriel suédois créateur de ce prix, soient attribués la même année un prix en mathématiques et en astronomie. C'est ainsi que j'ai reçu ce prix, conjointement avec Edward Witten, l'astronome russe Rashid Sunyaev étant, lui, primé dans son domaine. Il est d'ailleurs amusant de constater que les précédents récipiendaires de ce prix sont des mathématiciens avec lesquels j'ai eu des contacts proches : le Belge Pierre Deligne, le Russe Vladimir Arnold ou bien Alain Connes, qui travaille dans le même institut que moi, ou encore le Chinois Shing-Tung Yau.

Mes propres préoccupations ne se cantonnent d'ailleurs pas aux algèbres abstraites issues de la physique. Le moteur de mes recherches est une grande curiosité. Pour l'apaiser, je discute avec beaucoup de monde. Après que des mathématiciens m'ont expliqué tel ou tel domaine, il m'arrive souvent d'avoir des idées pour aller plus loin et c'est le démarrage d'une nouvelle collaboration. C'est ainsi que je change souvent de registre, m'intéressant à la physique bien sûr, mais aussi à des domaines comme le programme de Langlands, ce grand projet visant à relier la théorie des nombres à la théorie des groupes*. Ainsi, en discutant avec Laurent Lafforgue, mon collègue de l'IHÉS qui a eu la médaille Fields pour ses travaux sur ce sujet, je me suis aperçu que personne n'écrivait de formules explicites pour comprendre ce qui se passe. En tentant d'écrire de telles formules et en regardant à quoi elles pouvaient ressembler, j'ai eu l'idée d'une généralisation du programme de Langlands. J'ai aussi trouvé une structure par analogie entre le programme de Langlands et la mécanique statistique. Même hors de mon champ habituel qui est l'algèbre abstraite, je me suis aperçu que l'on pouvait trouver des analogies. Peut-être l'ébauche d'un lien entre algèbre et arithmétique ? Il reste beaucoup de choses à faire, mais j'ai le temps : mon "patron" Israel Gelfand est resté actif jusqu'à plus de 90 ans… »

Les figures marquantes

« Le mentor de mes années d'étudiant a incontestablement été Israel Gelfand (1913-2009). Nos relations n'étaient alors pas très faciles. Formellement, j'étais son élève à l'université, mais pendant quelques années nous n'avons presque pas interagi, car nos caractères étaient très différents : c'était un homme très directif, alors que j'aspirais à pouvoir travailler en toute indépendance… Nos relations s'étaient améliorées avec le temps. Après avoir quitté la Russie dans les années 1980, il a été longtemps professeur à Rutgers, dans le New Jersey, où il s'est éteint à l'âge de 96 ans.

Yuri Manin (né en 1937) a été également une figure marquante de mes jeunes années. Il a été un précurseur de l'utilisation des idées de la physique en mathématiques et j'ai beaucoup collaboré avec lui. L'un de mes travaux les plus connus sur les structures algébriques et la théorie des champs topologiques en dimension 2 – lié à la théorie conforme des champs – est co-signé avec lui. J'apprécie particulièrement les personnalités qui ont donné une impulsion à ces idées nouvelles issues de la physique et qui imprègnent aujourd'hui les mathématiques, comme Youri Manin en Russie, Michael Atiyah en Angleterre ou Kyoji Saito au Japon.

Parmi les mathématiciens historiques, le Suisse Leonhard Euler (1707-1783) est celui avec qui j'ai le plus d'affinités. Esprit éclectique, il s'intéressa à de multiples domaines des mathématiques. Ses travaux touchent l'analyse, l'arithmétique ou la géométrie… C'était un mathématicien intuitif qui "voyait" les choses cachées. Or, c'est un peu de cette manière que je travaille : j'essaie de "sentir" les structures. En même temps que cet aspect intuitif, Euler a fait un travail très formel qui lui a permis de prolonger des concepts mathématiques existants ou de proposer de nouvelles méthodes de résolution de problèmes. »

Musique de table (1733), Georg Philip Telemann

« Je ne veux pas distinguer une œuvre en particulier, car j'aime beaucoup de choses. Si je devais absolument choisir, il s'agirait plutôt d'une œuvre de musique, vraisemblablement de la période baroque ou de la Renaissance. J'aime par exemple beaucoup Bach ou Telemann, mais aussi quelques compositeurs contemporains. Une œuvre que j'apprécie particulièrement est l'ensemble de la *Musique de table (Tafelmusik)*, un recueil composé en 1733 par Telemann, une musique que l'on écoutait à table et qui illustre l'art du compositeur à manier différents genres et différents instruments. »

Regard sur la discipline

« Lorsque j'étais jeune étudiant à Moscou, au milieu des années 1980, j'ai eu la grande chance d'être le témoin direct de la naissance d'une des pierres angulaires de la physique théorique moderne : la théorie conforme des champs en dimension 2. C'est cette théorie qui a inspiré mes premiers travaux mathématiques. De manière générale, l'impact sur les mathématiques des nouvelles découvertes en physique est énorme. Auparavant, la principale source des mathématiques venait de la théorie des nombres et de son lien avec les structures de groupes (le programme de Langlands). L'école française, dont Laurent Lafforgue est un digne représentant, est d'ailleurs l'une des toutes meilleures au monde dans ce domaine extrêmement actif. Aujourd'hui, la théorie quantique des champs et la théorie des cordes ouvrent de nouvelles perspectives qui vont à mon avis prendre de plus en plus d'importance.

Ce rapprochement entre physique et mathématiques est d'une richesse insoupçonnée. Je suis persuadé que ces idées nouvelles qui imprègnent les mathématiques vont continuer d'apporter leur lot de découvertes inattendues. Prenons la théorie des cordes selon laquelle l'existence des particules résulterait de la vibration de minuscules cordes. Ces cordes font de petites boucles dans l'espace et leurs trajectoires dans l'espace-temps définissent des surfaces. Or, il y a un lien étroit entre la théorie des surfaces et les algèbres non-commutatives, ces algèbres où les quantités ne commutent pas ($a \times b$ n'est pas égal à $b \times a$). Il reste beaucoup de questions ouvertes sur les algèbres non-commutatives et je tente d'y travailler. Autre exemple de ces liens inattendus : en 1994, lorsque j'ai proposé l'interprétation de la symétrie miroir comme une équivalence entre des espaces algébriques complexes et des espaces symplectiques réels, j'ai employé une notion mathématique très abstraite, les catégories triangulées, introduites par Jean-Louis Verdier et Alexander Grothendieck dans les années 1960. Aujourd'hui, les physiciens spécialistes de la théorie des cordes utilisent cette notion librement.

Chercher à déchiffrer les règles du jeu de la physique théorique me passionne et je gage que la physique a encore beaucoup à apporter aux mathématiques. Ces mathématiques de la physique que l'on commence à peine à explorer sont promises à un grand avenir.

De manière beaucoup plus terre à terre, je voudrais signaler la catastrophe qu'a vécu la Russie ces dernières années : sa communauté mathématique a été décimée. Dans les années 1980, Moscou était le plus grand centre de mathématiques au monde avec plus de 3 000 mathématiciens. Suite à la fuite des cerveaux, il n'en reste plus aujourd'hui que 10 %. Par boutade, on pourrait dire qu'on rencontre des mathématiciens russes partout dans le monde, excepté à Moscou… Désormais, Paris – avec la région parisienne – est devenue la plus grande concentration de mathématiciens au monde. Cette catastrophe russe nous rappelle que la situation est toujours fragile. »

À LIRE

Clifford Henry Taubes, "The work of Maxim Kontsevich", *in Proceedings of the International Congress of Mathematicians*, vol. I, Berlin, 1998. *Doc. Math.*, extra vol. I, pp. 119–126. À lire pour en savoir plus sur la partie mathématique du travail de Maxim Kontsevich (article technique).

9.

Benoît Mandelbrot

Adolescent, il rêvait de rapprocher un concept mathématique très abstrait d'une idée pratique concrète. Un rêve exaucé si on en juge par sa théorie des fractales, qui continue de trouver des applications dans de multiples domaines. Revendiquant l'importance de la représentation graphique en mathématiques, il a formulé une nouvelle vision géométrique de la structure de notre monde.

† Cet entretien a été réalisé le 21 novembre 2008. Benoît Mandelbrot en a contrôlé le résultat. Il est décédé à Cambridge (Massachussets) le 14 octobre 2010 à l'âge de 85 ans.

1924
Naissance à Varsovie (Pologne)

1936
Arrivée en France

1945
Entrée à l'École polytechnique

1953
Doctorat ès sciences mathématiques

1957
Maître de conférence à l'université de Lille et à l'École polytechnique

1958
Entre chez IBM

Depuis 1962
Professeur, d'abord de finance, puis de physique appliquée à Harvard, ensuite de mathématiques à Harvard, puis à Yale

1975
Publie en français Les Objets fractals

2000
L'astéroïde catalogué 27 500 a été nommé Mandelbrot

La vocation

« Les mathématiques n'étaient pas pour moi une discipline purement scolaire, car le plus jeune frère de mon père, Szolem Mandelbrojt (1899-1983) était un mathématicien éminent. D'abord professeur à l'université de Clermont-Ferrand, il est arrivé au sommet (il fut élu au Collège de France) quand j'avais 13 ans. Ayant passé mon enfance en Pologne, j'ai peu côtoyé mon oncle à cette période, mais sa réussite faisait la joie de notre famille. Je me souviens de ses rares visites à Varsovie, seul ou avec d'autres mathématiciens français. De cela, je conservai l'idée que les mathématiques étaient une science dont on pouvait faire son métier.

Enfant, je suis allé tard à l'école. Avant, j'avais un précepteur, un homme érudit mais sans aucune expérience d'enseignement. Ses cours étaient intéressants, mais pas très bien conçus. Ainsi, il ne m'a jamais appris ni l'alphabet ni les tables de multiplication, pensant que je pourrais apprendre seul. Quant aux mathématiques, j'en faisais sans que cela m'ait marqué. Mon père, commerçant, était très cultivé et descendait d'une longue lignée d'érudits. Ma mère était médecin. À la maison, nous baignions dans une ambiance intellectuelle permanente. Les connaissances étaient particulièrement valorisées et il était entendu que les plus doués d'entre les jeunes étaient naturellement voués à une carrière intellectuelle.

En 1936, l'avenir de la Pologne n'était guère radieux et mes parents ont décidé d'émigrer. Naturellement, grâce à mon oncle, leur choix s'est porté sur la France. Après un an, ayant appris le français, je suis allé au lycée Rollin (rebaptisé Jacques-Decour après la guerre). J'étais de deux ans plus âgé que mes camarades, mais cela ne me dérangeait nullement.

Puis la guerre est arrivée. Étrangers et juifs, nous avons passé notre temps à fuir et à nous cacher. Nous évitions les grandes villes pour maximiser nos chances de ne pas être arrêtés. Une première étape au lycée de Tulle, en Corrèze – près d'une maison appartenant à mon oncle – m'a fait rencontrer de brillants professeurs de Strasbourg qui, comme nous, avaient fui les hostilités. Ces enseignants passaient beaucoup de temps avec moi, m'apprenant à fond le français et l'histoire. De mon côté, je leur racontais mes histoires d'enfance. Résultat de ces cours presque particuliers : malgré ma brève expérience scolaire, à la fin du lycée j'avais rattrapé mon retard. La question de l'avenir – faire ou non des mathématiques – ne se posait pas. Il s'agissait avant tout de survivre.

En 1942, l'occupation s'est durcie et ma situation est devenue difficile. Durant plus d'un an, je me suis déplacé avec mon jeune frère, glanant quelques connaissances au hasard des vieux livres que je pouvais trouver. En janvier 1944, j'ai atterri à l'internat du lycée du Parc à Lyon. Je me suis retrouvé en "math spé" où j'ai trouvé un peu de quiétude vis-à-vis des événements extérieurs. C'est là que s'est révélé un don.

Un jour, le professeur de mathématiques, le père Coissard, posa un problème d'algèbre*. Alors que durant les premières semaines de cours je n'avais pas compris grand-chose à ce qui se passait, j'ai vu un objet géométrique se présenter à mon esprit. Un objet qui avait les propriétés énoncées et que je pouvais examiner sous diverses facettes. La solution du problème m'a alors semblé évidente. Cette situation s'est répétée. Le père Coissard, que j'ai revu plus tard, m'a avoué qu'il passait ses week-ends à chercher des problèmes que je ne pourrais résoudre, sans jamais y parvenir. Cette révélation a changé mon état d'esprit. Alors que jusque-là je m'intéressais plutôt à la littérature, je me suis vu faisant des mathématiques, sans trop savoir encore lesquelles. »

Le cursus

« Après la libération de Paris, je me suis présenté aux concours de l'École normale supérieure et de Polytechnique, qui ont eu lieu en décembre 1944 et janvier 1945. Coissard avait prédit que je réussirais très bien ces concours, sauf si je tombais sur un problème dont je n'arriverais pas à voir immédiatement une solution géométrique. Dans ce cas, j'échouerais lamentablement, car je n'aurais ni la patience ni l'habitude de le résoudre autrement... À la grande fierté de mes parents et de mon oncle, j'ai très bien réussi les deux concours.

J'ai d'abord opté pour l'École normale supérieure. Ce qui m'a immédiatement déplu fut le fait que l'enseignement privilégiait les notions abstraites, conséquence du début de l'emprise du groupe Bourbaki* sur les mathématiques. Or, cet enseignement excluait complètement la géométrie. Les structures à la fois logiques et visuelles qui incarnaient pour moi le plaisir des mathématiques étaient méprisées. J'ai donc quitté l'ENS pour l'École polytechnique dont, par chance, les cours n'avaient pas encore commencé.

Étant Polonais, je pensais qu'à la sortie de Polytechnique je ne pourrais pas intégrer un des grands corps de l'État. Résultat, j'ai suivi ma scolarité sans me soucier du classement qui détermine les corps auxquels on a le droit de postuler. J'ai dû passer pour un élève fantaisiste ou dilettante, mais j'ai pu m'intéresser aux matières qui me plaisaient sans me préoccuper du résultat. Cela m'a donné une vraie liberté et j'ai appris une quantité incroyable de choses. Pour la première fois, je recevais une vraie éducation, avec des enseignements suivis. J'y ai certes appris des mathématiques, mais aussi de la mécanique, des mathématiques appliquées, de la physique et de la chimie.

L'enseignement des mathématiques était donné par plusieurs mathématiciens plus ou moins intéressants, parmi lesquels Paul Lévy (1886-1971), un pionnier de la théorie des probabilités. De manière générale, l'enseignement oral était négligé. Beaucoup d'étudiants s'interrogeaient sur l'utilité même d'aller à des cours où le professeur – quand on arrivait à l'entendre – récitait mot pour mot le polycopié qu'il nous avait distribué.

En sortant de Polytechnique, j'avais appris beaucoup, mais sans avoir encore trouvé ma voie. Pourtant, j'avais une idée très précise de ce que je voulais faire. Adolescent en Corrèze durant la guerre, je faisais de grands rêves. Des rêves nourris notamment par des lectures sur l'histoire des sciences. J'avais été fortement frappé par le personnage de Johannes Kepler (1571-1630), cet astronome allemand qui avait découvert que les ellipses, objets abstraits de la géométrie grecque classique, se trouvaient aussi décrire de manière appropriée le mouvement apparemment complexe des planètes. Je rêvais qu'un jour, moi aussi, je parviendrais à faire un tel rapprochement entre une idée abstraite et des faits très concrets. De tels rapprochements représentaient pour moi le fondement de la science. Ce n'était pas un projet de vie, mais un rêve d'adolescent vivant les conditions épouvantables de l'occupation.

Vers la fin des cours à Polytechnique, je m'ouvre de ce rêve à un des enseignants qui me conseille d'aller étudier l'aéronautique à Caltech, l'Institut de technologie de Californie, avec Theodore von Karman (1881-1963) – qui avait réussi ce que je rêvais de faire. L'œuvre de ce spécialiste de l'aéronautique a souvent consisté à approcher les mathématiques complètement abstraites, que tout le monde considérait comme inutiles, d'un phénomène que tout le monde considérait comme incompréhensible, pour expliquer l'un par l'autre. J'ai obtenu une bourse de Caltech et je suis donc parti en Californie.

Arrivé à Caltech, j'apprends que von Karman vient de rejoindre Paris ! Durant les deux années que j'ai quand même passées en Californie, je me suis vite aperçu que je n'étais pas fait pour l'aéronautique. Toutefois, ce séjour n'a nullement été inutile, car j'y ai fait la rencontre marquante de Max Delbrück, un physicien devenu biologiste de renom (il a reçu le prix Nobel de médecine en 1969).

À mon retour en France, j'ai vite vu que mettre en œuvre ce rêve d'enfant serait un pari compliqué qui demanderait du temps. Aussi, j'ai cherché un travail qui me laisserait le temps de réflexion et de mûrissement. J'ai passé quelques années à faire une thèse de mathématiques et à travailler comme consultant dans les laboratoires de recherche Philips, à Paris. »

L'apport aux mathématiques

La loi de Zipf

« Ma thèse portait sur la loi de Zipf, une observation empirique de la fréquence des mots dans un texte. Le linguiste George Kingsley Zipf (1902-1950) avait entrepris d'analyser les fréquences d'apparition des mots dans le discours, par exemple dans *Ulysse*, l'œuvre monumentale de James Joyce. J'ai montré que la relation qu'il a obtenue empiriquement pouvait se déduire de considérations liées à la théorie de l'information. Thèse sans prétention, mais qui contenait en germe l'essence de mes travaux futurs.

Elle attira l'attention de John von Neumann (1903-1957), mathématicien et physicien, auteur des fondements de la mécanique quantique et de l'informatique. Il m'invita à passer un an à Princeton dans le mythique Institute for Advanced Study. Parti à Princeton en 1953 pour être formellement son assistant, je ne l'ai pas vu beaucoup : il était très occupé, devenant de plus en plus impliqué dans des questions énergétiques et de défense. L'institut se caractérisait alors par une extraordinaire concentration de scientifiques brillants, surtout à ce moment de l'Histoire : on pouvait y croiser

Albert Einstein ou Kurt Gödel… Les scientifiques du monde entier venaient visiter Princeton. Sur le plan des rencontres, cette année a été fructueuse ; j'ai écrit mes premiers articles à cette occasion.

Lorsque je suis rentré en France, les universités faisaient face à une augmentation rapide du nombre d'étudiants. Démunies, elles ont appelé à la rescousse tous ceux qui avaient fait une thèse, condition nécessaire pour enseigner en faculté. Je me suis vu offrir simultanément un poste à l'université de Lille et un autre à l'École polytechnique. Chacun étant peu exigeant du point de vue des heures d'enseignement, je passais la moitié de la semaine à Lille, l'autre à Paris. Cela a été pour moi une période de crise personnelle. Je faisais convenablement mon métier d'enseignant, mais je ressentais que le monde universitaire français était dominé de façon écrasante par l'esprit abstrait Bourbaki – contraire à ce que je voulais faire. Mon ambition consistait à marier l'abstrait et le réel. Un réel qu'abhorraient les tenants du bourbakisme. Le hasard est venu me sortir de ce carcan que j'avais de plus en plus de mal à supporter. À l'été 1958, je suis allé – en principe pour quelques mois – dans les laboratoires de recherche d'IBM, à Yorktown Heights, dans l'État de New York. J'ai vite senti que c'était un lieu où je pourrais trouver une variété et une liberté plus grande que dans n'importe quelle position académique. Bref un endroit où réaliser mes rêves. J'y suis resté jusqu'à la retraite. »

La courbe des prix

« La pari d'IBM a été d'embaucher un électron libre tel que moi avec ses idées un peu iconoclastes. En tant qu'ingénieur, j'avais un travail pratique à réaliser dont je me débarrassais assez vite pour me consacrer à mes réflexions. J'étais très libre et le pari a payé car c'est durant les deux première années à IBM que j'ai fait deux de mes découvertes les plus importantes, l'une en économie et l'autre en physique.

Beaucoup plus tard, j'ai lié ces découvertes aux fractales, mais je n'avais pas encore identifié ce phénomène que l'on retrouve partout dans la nature. L'économie n'est pas une discipline dans laquelle j'aurais pensé apporter une quelconque contribution en tant que chercheur. Mais ayant travaillé sur la loi de Zipf durant ma thèse, j'avais vu que cette loi de distribution des mots dans un texte pouvait être considérée comme une version discrète d'une loi continue bien connue en économie, la loi de Pareto, suivant laquelle environ 80 % des effets sont le produit de 20 % des causes. Cette "loi", bien qu'empirique, a été formalisée par la distribution mathématique de Pareto. Je commençais à avoir épuisé le sujet lorsque je rendis visite à l'économiste Hendrik Houthakker (1924-2008), à Harvard, et découvris sur son tableau un diagramme que j'avais déjà rencontré dans l'étude de la distribution des revenus. En fait, me dit-il, ce diagramme montrait la variation des marchés boursiers. J'ai commencé par être fasciné par ce sujet et j'ai vite observé que la structure générale des courbes décrivant ces variations était semblable, quelle que soit la période d'observation : une semaine, six mois ou dix ans. Autrement dit, j'ai montré que ces courbes présentaient une invariance d'échelle.

Ceci avait des conséquences majeures. L'une d'elles était que les gigantesques fluctuations que l'on observe dans les cours de la bourse ne sont pas suffisamment rares pour être négligeables. Absolument pas ! Il faut tenir compte des fluctuations aléatoires quand on fait la théorie du phénomène, mais aussi lorsqu'on investit. Autrement dit, on ne peut pas se contenter d'étudier les moyennes à long terme. Personne n'en doute plus ! »

Du bruit aux amas de galaxies

« En physique, IBM était confronté à un problème pratique, à savoir le bruit sur les liaisons téléphoniques qui étaient en train d'être établies entre ordinateurs.

J'ai montré que ce bruit avait une structure particulière. Pour le mettre en évidence, j'ai fait appel à la notion de dimension de Hausdorff introduite en 1918, que j'allais baptiser plus tard la dimension fractale*. Pourquoi y penser ? D'abord, parce que Paul Lévy en parlait. De plus, j'avais la chance de connaître cette notion, car l'un de mes amis, Henry McKean Junior, avait fait sa thèse sur ce sujet à Princeton.

Non seulement cette dimension était utile à la compréhension du bruit, mais elle s'appliquait aussi à la turbulence ou à la répartition des amas de galaxies dans l'Univers. Par la suite, j'ai continué à observer des structures fractales dans bien des cas, couvrant presque tous les domaines. Toutefois, je me heurtais souvent à la méfiance de mes interlocuteurs, qui ne comprenaient pas pourquoi l'avenir de leur activité était suspendu à l'utilisation de ces "nouvelles" notions bizarres dont les références étaient alors des livres écrits au début du siècle et même pas en anglais. C'est l'une des raisons qui m'ont poussé à écrire un livre sur les fractales. »

La dimension fractale

« Même en mathématiques, la dimension de Hausdorff était un concept très ésotérique. Je l'ai utilisée pour caractériser les fractales rencontrées dans le réel. En gros, une fractale peut être définie comme un objet géométrique dont la dimension de Hausdorff est strictement supérieure à sa dimension topologique. La dimension topologique, c'est simplement la dimension naturelle : un point est de dimension 0, une droite de dimension 1, une surface de dimension 2 et un volume de dimension 3. La dimension de Hausdorff a une définition mathématique précise très complexe, mais elle se rapproche d'une dimension d'homothétie. Prenons un segment de droite que l'on agrandit n fois. Appliqué à un carré, on obtient un carré n^2 fois plus grand. Pour un cube, on obtient un cube n^3 fois plus grand. Dans tous ces cas de géométrie standard, la dimension d'homothétie coïncide avec la dimension topologique. Mais ce n'est pas le cas avec les fractales. Par exemple, la courbe de von Koch (ci-contre) agrandie 3 fois contient 4 fois le motif initial. On peut alors définir la dimension d'homothétie de cette courbe comme étant égale à $D = \ln 4 / \ln 3 = 1{,}26\ldots$ Cette dimension est bien supérieure à 1, qui est la dimension topologique d'une courbe.

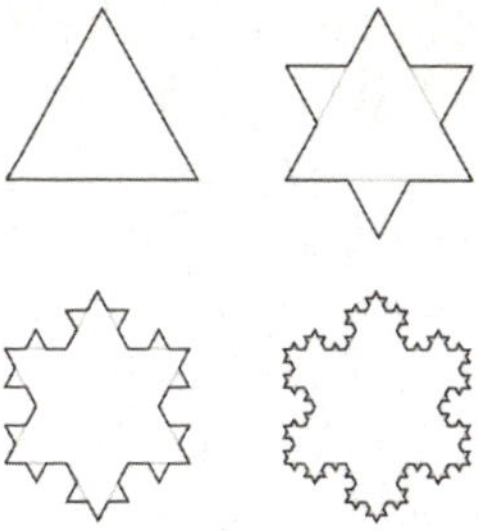

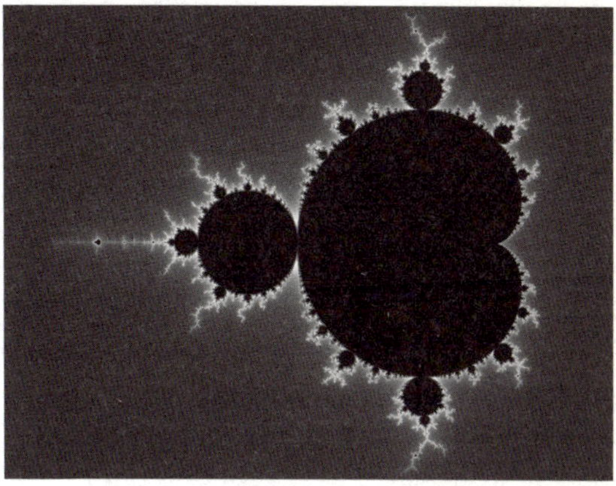

L'ensemble de Mandelbrot est l'ensemble c des points du plan complexe tels que la suite récurrente $z_{n+1} = z_n^2 + c$ (et comme condition initiale $z_0 = 0$) ne tend pas vers l'infini. Sa dimension fractale est 2 et de manière plaisante c'est aussi la dimension fractale de sa propre frontière. »

Des fractales partout

« À mesure que je publiais des articles, je commençais à avoir une idée assez claire de l'ubiquité des fractales. Les phénomènes d'invariance d'échelle se retrouvent aussi bien dans les variations de l'activité sur Internet, dans la forme des choux-fleurs ou dans la longueur de la côte de Bretagne. Ayant été recommandé par des amis aux éditions Flammarion, mon premier livre sur l'universalité des fractales est d'abord sorti en 1975 en français. Le titre initial (dont je ne me souviens plus) étant incompréhensible aux dires de l'éditeur, j'ai formé le néologisme "fractale", du latin *fractus* signifiant irrégulier. L'expression est restée et on parle aujourd'hui de géométrie fractale. Très vite, le livre a eu un succès mondial et des versions de plus en plus complètes existent dans de nombreuses langues, dont l'anglais, le russe et le chinois. Ce livre a fait beaucoup pour la diffusion de cette idée d'invariance d'échelle auprès des chercheurs mais aussi du grand public.

Après cela, je suis revenu sur des travaux anciens de Gaston Julia (1893-1978), qui avait été l'un de mes enseignants à Polytechnique, et de Pierre Fatou (1878-1929). Entre 1917 et 1919, ces deux mathématiciens français avaient produit les idées fondatrices sur l'itération des fractions rationnelles. Ces résultats avaient été très remarqués à l'époque, mais personne n'était parvenu à dépasser ces textes fondateurs très arides. Quand j'étais étudiant à Polytechnique, mon oncle, pour qui ces théories de Julia et de Fatou étaient une marotte, me poussait sans cesse à reprendre leurs théories sur le plan des mathématiques pures. Pour ma part, je ne voyais pas à l'époque pourquoi elles l'excitaient autant. Mathématiquement, des ensembles issus des itérations sont extrêmement compliqués. C'est alors que je me suis dit : Pourquoi ne pas mettre à profit l'outil informatique dont je dispose à IBM pour tenter de représenter les ensembles de Julia et de Fatou ?

Lorsque les dessins de ces ensembles sont apparus pour la première fois sur mon écran d'ordinateur, j'ai été frappé non seulement par leur insondable complexité, mais aussi par leur extraordinaire beauté. Ils me semblaient à la fois totalement étranges et familiers, comme si je les avais toujours connus. En continuant à jouer sur la représentation des itérations, j'ai conçu et construit d'autres ensembles, dont celui qui porte aujourd'hui mon nom. Mon idée n'était pas de démontrer des choses, mais de poser des questions, d'émettre des conjectures*. Par exemple, j'ai conjecturé en 1982 que pour la trajectoire aléatoire brownienne plane, la dimension fractale de la frontière était égale à 4/3, conjecture démontrée par Wendelin Werner et ses collègues des années plus tard (voir Wendelin Werner).

Aujourd'hui, les fractales et leurs dérivés sont devenus un immense domaine des mathématiques, si vaste que je n'essaie même plus de suivre les thèses qui sortent chaque année sur le sujet. À plus de 80 ans, je suis fier d'avoir pu contribuer à développer cette nouvelle science, que j'aime appeler la "science du rugueux". »

Les figures marquantes

« Mon oncle, Szolem Mandelbrojt, a beaucoup compté pour moi. Avant mes 20 ans, nous n'avions eu que de rares conversations. Mais une fois la guerre finie, son influence, positive ou négative, a été prédominante, plus importante même que celle de mon père ou de mes professeurs. Il était arrivé à Paris à l'âge de 20 ans et avait très vite montré des capacités hors norme. Il a été nommé professeur à Clermont-Ferrand, puis en 1938 au Collège de France. Lorsque j'étais à l'École polytechnique, il habitait Paris et nous nous voyions tout le temps. Lorsque je suis parti pour Caltech, en Californie, il était désespéré, ayant toujours estimé que mon don pour les mathématiques aurait été mieux employé en mathématiques pures. Même s'il avait pris ses distances avec Bourbaki, il était un adepte de l'abstraction. Par ailleurs, il aimait beaucoup l'art. Pendant les week-ends, pendant les vacances, il peignait et dessinait. Voyageant beaucoup, il avait visité les musées du monde entier. Là résidait notre principale différence : mon oncle s'était construit un mur entre les mathématiques et l'art, un mur impénétrable au point qu'il exécrait les dessins et les représentations dans les mathématiques. À l'inverse, je n'ai eu de cesse de jeter des ponts entre représentations et mathématiques.

Une autre figure tutélaire fut Max Delbrück, un homme très inhabituel rencontré lors de mon séjour à Caltech. Il avait ce côté grand aristocrate prussien, très dur. Mais par ailleurs, c'était un physicien brillant qui avait fui l'Allemagne nazie et méprisait Hitler. Le chef de département de biologie de Caltech avait fait un pari admirable. Sentant que l'avenir de la biologie nécessitait un esprit différent, il s'était dit qu'il fallait mettre des physiciens sur ce créneau. Suivre ce phénomène extraordinaire – un physicien créant une nouvelle science, la biologie moléculaire – m'a fait comprendre qu'en venant du dehors, on pouvait changer un domaine qui par lui-même aurait mis beaucoup plus de temps à évoluer. Ainsi, de manière inattendue, lors de mon séjour californien, l'influence la plus importante a été celle d'un biologiste qui avait commencé par être un physicien et qui avait ce côté déraciné, ce qui en somme était aussi mon lot.

Enfin j'aimerais citer le mathématicien John von Neumann pour son influence indirecte : son côté iconoclaste était la preuve vivante que l'on peut faire de la science sans appartenir à une école de pensée précise. Une conduite qui m'a toujours inspiré. »

Don Giovanni (1787), Wolfgang Amadeus Mozart

« Mes goûts ont beaucoup varié au cours du temps et je serais bien en peine de désigner une œuvre qui m'a marqué plus que d'autres. Toutefois, cet opéra de Mozart, que je découvris tard, à l'âge de 22 ans, est sans conteste l'œuvre musicale que j'ai écoutée le plus souvent. Aujourd'hui, j'ai moins de plaisir à l'opéra, peut-être parce que je ne retrouve plus dans les interprétations ces impressions extraordinaires que je ressentais au Met de New York, dans les années 1960. »

Benoît Mandelbrot

Regard sur la discipline

« La recherche en mathématiques traverse à mon avis une crise profonde. Une crise liée à la crise économique que nous subissons depuis l'automne 2008. Une anecdote illustrera mon sentiment. Il y a quelques années, j'ai été l'invité d'honneur d'un dîner de fin d'études à Cambridge, en Angleterre. Lors de ce dîner, je m'enquiers auprès de ma voisine du domaine auquel elle se destine après son diplôme. "La bourse" me répond-elle. Même réponse un peu plus loin... Tous les étudiants du département de mathématiques de ce collège de Cambridge partaient travailler sur des problématiques liées à la finance. Inutile de préciser que parmi ces brillants étudiants beaucoup sont aujourd'hui au chômage.

Je connais mal la situation en France, mais aux États-Unis, nous avons déjà vécu une situation analogue : au milieu des années 1990, de grands groupes industriels, tels IBM ou Bell Labs, ont supprimé toute leur recherche théorique. Quantité de mathématiciens se sont retrouvés à la rue... Il résulte de ces événements de grandes fluctuations de l'emploi. Ces fluctuations peuvent être en partie corrigées par les gouvernements, à condition d'y mettre les moyens, même si je reconnais qu'aujourd'hui elles sont de si grande amplitude et parfois si brusques que les corrections sont difficiles. À l'époque où j'étais étudiant, de telles fluctuations n'existaient pas ou, s'il s'en produisait, elles étaient faciles à corriger : il y avait alors tout au plus quelques dizaines de professeurs de mathématiques à Paris... Lorsqu'on se retrouve avec un millier de mathématiciens sans emploi du jour au lendemain, le problème est autrement plus ardu... »

PRINCIPAUX OUVRAGES

Une approche fractale des marchés : risquer, perdre et gagner, avec Richard Hudson, Odile Jacob, 2005 (réédition en 2009). Les auteurs dénoncent les incohérences de la théorie financière et présentent leur vision fractale des marchés. Un livre d'actualité.

Fractales, hasard et finance, Flammarion, 1997. Tout avait commencé par ses travaux sur la finance et l'auteur nous brosse ici une histoire des considérations mathématiques de cette discipline, introduisant également les notions de « hasard sauvage » qui lui sont chères.

The Fractal Geometry of Nature, W. H. Freeman & Co., 1982. Un ouvrage sur l'universalité des formes fractales. Premiers dessins de l'ensemble de Julia, de Fatou et de Mandelbrot.

Les Objets fractals : forme, hasard et dimension, Flammarion, 1973 (4e réédition en 1995). Premier livre sur les fractales qui a fait connaître ces objets auprès du grand public.

À lire aussi

Souvenirs à bâtons rompus de Szolem Mandelbrojt, publication du Séminaire d'histoire des mathématiques de l'université de Paris, vol. 6, 1985, pp. 1-46. Entretiens recueillis en 1970 par Benoît Mandelbrot auprès de son oncle.

10.

Marie-Françoise Roy

Les mathématiques sont-elles une discipline d'hommes ? Oui si l'on en croit la faible proportion de mathématiciennes en France. Non, répond avec conviction cette femme, professeur à l'université de Rennes et chercheuse en géométrie algébrique* réelle. Fondatrice de l'association Femmes & mathématiques, elle a présidé la Société mathématique de France. Féministe convaincue, elle reste avant tout mathématicienne.

1950

Naissance à Paris

1969

Entrée à l'École normale supérieure de Sèvres

1971

Agrégation de mathématiques

1981

Thèse d'État

1985

Professeur à l'université de Rennes

1986

Création de l'association Femmes & Mathématiques, dont elle est la première présidente

1991-1995

Présidente de la commission CNRS mathématiques et outils de modélisation

2004

Prix Irène Joliot-Curie

2004-2007

Présidente de la Société mathématique de France

La vocation

« Déjà toute petite, j'avais un intérêt pour les mathématiques. Je me souviens par exemple avoir été fascinée par une démonstration graphique du théorème de Pythagore vue dans une encyclopédie. Ce n'était pas mon seul centre d'intérêt. Avide de lectures, je me voyais intellectuelle, mélange de matheuse et de littéraire. Ma mère médecin et mon père cadre dans une compagnie d'assurance, mais surtout écrivain amateur, croyaient en mes capacités. Mes grands-parents n'avaient pas fait beaucoup d'études, comme les Français moyens de leur génération : ma grand-mère, qui aurait bien voulu être institutrice, fut caissière, mon grand-père cheminot.

Mes goûts étaient variés et mes idées sur l'avenir assez floues. Ma scolarité se déroula sans histoire. D'abord dans une école primaire privée de filles en banlieue parisienne, puis dans un lycée public de jeunes filles. Au milieu des années 1960, la recherche scientifique devint une priorité, Spoutnik – le premier satellite lancé par les Soviétiques en 1957 – et guerre froide obligent. Le mathématicien André Lichnerowicz, pipe à la bouche, venait à la télévision pour raconter des histoires de physique. La physique enseignée au lycée ne m'intéressait guère, mais la relativité et la cosmologie me faisaient rêver. Le livre d'Ève Curie sur sa mère, Marie, m'a fascinée durablement.

Bonne élève, je me dirigeai naturellement vers les classes préparatoires. Je me retrouvai au lycée Condorcet, ma première rencontre avec l'enseignement mixte. Nous étions alors peu nombreuses à suivre cette filière : en "math spé", j'étais la seule fille de ma classe. Entrée à l'École normale supérieure de jeunes filles de Sèvres (à cette époque, les écoles normales n'étaient pas mixtes), je me destinais plutôt à l'enseignement. Puis une rencontre changea tout : Yvette Amice, une mathématicienne, malheureusement disparue trop jeune, me repéra et me prédit un avenir dans la recherche. Pour elle, cela semblait évident que j'allais devenir chercheuse en mathématiques. Et si cela lui semblait évident, cela devait l'être… Ce sont ses encouragements qui m'ont décidé à "entrer en mathématiques". »

Le cursus

« À l'époque, il n'y avait pas de cursus spécial pour les élèves des écoles normales supérieures : nous suivions les enseignements de mathématiques à l'université ; je m'y suis donc inscrite. L'enseignement était empreint d'influences bourbakistes* : il était très abstrait avec peu d'exemples. Ainsi, on étudiait les variétés* en dimension quelconque, mais jamais les courbes et les surfaces, qui sont les variétés les plus simples (de dimension 1 et 2). Pour compléter cet enseignement, je lisais une collection de petits livres publiés aux Presses universitaires de France (PUF). Je me souviens notamment d'un livre sur les surfaces d'André Gramain, d'un cours d'arithmétique de Jean-Pierre Serre et d'un cours de théorie des ensembles de Jean-Louis Krivine. Des livres très bien faits que je lisais l'été.

Durant ces années-là, je faisais beaucoup de politique, tendance Mao et Althusser. Mai 68 était passé par là. En marge des mathématiques, je suivais des cours de philosophie et d'épistémologie, car j'envisageais de me diriger vers l'histoire des mathématiques. Toutefois, lorsque je suis allée voir René Taton (1915-2004), figure incontournable de l'histoire des sciences, cela ne m'a pas plu : je trouvais cela trop étriqué. Alors qu'il faisait de l'histoire des mathématiques très précise sur des auteurs classiques, je m'intéressais plutôt à l'histoire des mathématiques contemporaines et à l'évolution des idées. Je suis donc retournée aux mathématiques, mais l'amour de l'histoire de la discipline ne m'a pas lâchée pour autant. J'aime toujours réfléchir aux méthodes, analyser les grandes tendances…

Après la licence et la maîtrise (licence 3 et master 1 maintenant), j'ai suivi une année de préparation à l'agrégation, seul enseignement qui se faisait à l'École normale supérieure. Cela m'a permis de rencontrer des mathématiciens étonnants, comme Yves Meyer, l'un des pères de la théorie des ondelettes, très utilisée aujourd'hui pour la compression des images, tel le JPEG. C'était un homme chaleureux, toujours enthousiaste à l'idée de rencontrer des jeunes pour les encourager. L'année suivante, j'ai commencé un DEA (master 2). Cette année a été marquée par la rencontre avec deux mathématiciens. D'abord je suis allée suivre un cours d'introduction à l'algèbre* commutative par Pierre Samuel à Orsay. Ce mathématicien faisait toujours ressortir le côté humain des mathématiques. Il était aussi conscient et très respectueux du rôle des femmes en mathématiques, ce qui m'avait beaucoup plu. Je me souviens qu'il parlait d'un théorème d'Emmy Noether* en nous disant "le théorème de Mlle Noether". De surcroît, ses cours étaient très clairs. L'autre cours qui m'a marquée était dispensé à Jussieu par Jean-Pierre Serre sur la représentation des groupes*. Serre, c'était l'élégance incarnée. À mesure qu'il avançait dans son cours, on avait l'impression de le voir construire un château de cartes. Au moment où il terminait, chaque semaine, il posait la dernière carte et tout était là, en équilibre : c'était parfait.

Ensuite, j'ai entamé une thèse de 3e cycle, en même temps que ma quatrième et dernière année à l'École normale supérieure. Yvette Amice m'a alors prévenue qu'un poste se libérait à l'université de Rennes et m'a encouragée à le prendre. À cette époque, lorsqu'on avait suivi la bonne filière, on pouvait entrer très jeune dans l'enseignement supérieur, sans même avoir publié ou passé de thèse. N'étant pas certaine de réussir dans la recherche, j'ai donc opté pour un poste d'enseignant-chercheur en université et n'ai jamais terminé mon 3e cycle. Mariée à un chercheur du CNRS, le mathématicien Michel Coste, j'ai eu deux enfants, en 1974 et en 1976. Dès 1978, mon intérêt pour la géométrie algébrique réelle devait me remettre sur une trajectoire de recherche classique et j'ai passé une thèse d'État en 1981. Depuis lors, je n'ai jamais cessé de publier. »

L'apport aux mathématiques

La géométrie algébrique réelle

« À l'origine de mon retour à la recherche, il y a cette aventure qu'a constituée le développement de la géométrie algébrique réelle. Avec mon mari, nous avons été parmi les premiers à nous lancer dans ce domaine qui avait été laissé en friche. Il y avait bien des résultats, mais épars ; il n'existait pas de communauté, pas de congrès, pas d'approfondissement systématique de la théorie. Nous nous sommes donc mis à travailler sur ce sujet et avons contribué à fédérer les chercheurs français et étrangers qui s'y intéressaient.

La géométrie algébrique est un vaste domaine des mathématiques où, comme son nom l'indique, la géométrie rencontre l'algèbre. Ses applications sont nombreuses : la démonstration en 1994 du théorème de Fermat par le Britannique Andrew Wiles est un exemple notable d'application à la théorie des nombres de concepts de géométrie algébrique comme les courbes elliptiques*. De manière générale, elle étudie les ensembles de points définis par des équations polynomiales. Lorsqu'on étudie les racines réelles des équations polynomiales, on parle de géométrie algébrique réelle. Par exemple, l'étude des racines réelles d'équations du type $ax^2 + bx + c = 0$, que l'on aborde au lycée, relève de cette géométrie algébrique réelle. La structure d'ordre y joue un rôle clef, puisque le signe du discriminant $b^2 - 4ac$ est essentiel.

Dans les années 1950, la géométrie algébrique a été totalement transformée sous l'impulsion du mathématicien Alexander Grothendieck. Dans le cadre de la refonte de la topologie algébrique*, il a introduit les topos, des objets mathématiques généraux très abstraits. Nous nous sommes rendus compte que lorsqu'on appliquait la théorie des topos à la géométrie algébrique réelle, nous obtenions de nouveaux objets que personne n'avait étudiés. Lors d'une première phase de recherche, nous nous sommes intéressés à ces objets, à la géométrie algébrique pure et à ses fondements. En 1981, nous avons organisé à Rennes le premier congrès de géométrie algébrique réelle.

Au milieu de ce travail de recherche, nous sommes partis enseigner durant deux ans au Niger. Ce séjour était causé par les étapes de la carrière de mon mari. Après avoir soutenu sa thèse d'État, il envisageait de quitter le CNRS et de venir à Rennes comme professeur. Quelques spécialistes de géométrie algébrique réelle étaient près à nous accueillir. Toutefois, ce poste rennais était conditionné à un séjour de coopération de deux ans en Afrique. À l'époque, François Mitterrand voulait relancer la coopération avec l'Afrique et nous avons bénéficié de cette opportunité. C'est ainsi que nous sommes allés au Niger entre 1981 et 1983. Nous étions tous deux à l'université de Niamey, où nous avons démarré l'enseignement d'une maîtrise de mathématiques. Ce séjour s'est révélé passionnant sur le plan humain. Et nos enfants ont adoré.

Nous nous étions posés beaucoup de questions avant de partir. Restés militants, notamment dans le syndicalisme tendance autogestionnaire, et – en ce qui me concerne – le mouvement des femmes, nous étions résolument hostiles au néocolonialisme. Comment allions-nous être perçus là-bas ? Était-il possible de créer de véritables amitiés, malgré le poids du passé ? La suite montra que nos craintes étaient injustifiées. Le contact a été excellent et nous avons pu démarrer beaucoup d'activités. Un lien indéfectible s'est tissé avec l'Afrique – le Niger, mais aussi le Mali et la Guinée – et nous avons continué à travailler en réunissant les bonnes volontés. Grâce à ce réseau, nous avons mis en place des bourses en alternance : six mois au Niger et six mois en France. Aujourd'hui, nous contribuons au lancement d'un DEA (master 2) à Niamey grâce à un financement du ministère des affaires étrangères. Nous avons également créé Tarbiyya Tatali, réseau d'associations travaillant ensemble au Niger et en France, pour encourager le peuple nigérien dans la voie de son auto-développement dans les domaines de l'éducation, de la santé et de l'égalité entre les hommes et les femmes.

À notre retour en France, nous avons poursuivi nos recherches en géométrie algébrique réelle, qui ont débouché en 1987 sur la publication, avec notre collègue polonais Jacek Bochnak, d'un livre intitulé simplement *Géométrie algébrique réelle*, qui est devenu la référence du domaine. »

Applications à la robotique

« Dans les lectures que je fis pour les besoins de ce livre, je m'étais rendue compte que des roboticiens s'intéressaient à nos problèmes de géométrie algébrique réelle et notamment au problème du déménageur de piano, à savoir : comment déplacer un piano d'un endroit à un autre dans une pièce remplie d'obstacles, sans heurter les murs. En termes mathématiques, cela se traduit par des polynômes et des inéquations. Or, en dehors de ses aspects fondamentaux, la géométrie algébrique réelle consiste à déterminer à quelles conditions des équations polynomiales très compliquées, qui dépendent de beaucoup de variables, ont des solutions. En faisant des calculs de projection, ce qui revient à éliminer certains quantificateurs, on peut – au moins en théorie – explorer l'espace des paramètres et déterminer si le déplacement du piano est possible. Les problèmes que se posent certains roboticiens, comme savoir si tel mouvement d'un robot est possible ou non, relèvent de la géométrie algébrique réelle.

Du coup, j'ai commencé à m'intéresser aux aspects algorithmiques de cette discipline. J'ai été invitée à donner des cours d'été pour la formation de jeunes chercheurs. J'y ai rencontré des mathématiciens qui faisaient de la géométrie discrète et algorithmique, une branche classique des mathématiques qui est en pleine explosion grâce au développement de l'informatique et qui étudie les objets de la géométrie que l'on peut manipuler avec un ordinateur. À partir de 1988, j'ai publié régulièrement dans ce domaine et j'y travaille encore aujourd'hui. Cela m'a amenée à démarrer des collaborations en Argentine, à me rendre régulièrement aux États-Unis, à participer à des projets européens et à prendre des thésards. Là encore, ces travaux ont abouti à l'écriture d'un livre de synthèse avec Saugata Basu et Richard Pollack qui est paru en 2003.

Quels types de collaborations avons-nous mis en place ? Avec quelques collègues, nous avons monté par exemple un projet conjointement avec l'École centrale de Nantes sur un robot sériel – un robot constitué d'une sorte de bras avec des articulations placées les unes après les autres. Avec ce type de robot, peut-on atteindre un objet qui est à une position donnée ? De combien de manières peut-on l'atteindre ? Pour répondre à ces questions de géométrie, on pose des équations que l'on tente de résoudre. Les roboticiens savaient trouver des solutions dans des cas particuliers, chaque fois qu'ils fixaient les longueurs des bras du robot par exemple, mais ils ne savaient pas traiter tous les cas. Or, les techniques de géométrie algébrique réelle que nous avons mises au point permettent justement d'explorer l'espace complet des paramètres et de donner, par exemple, toutes les longueurs de bras que l'on pouvait choisir pour faire tel ou tel mouvement. Ce travail a débouché sur un projet de robotique portant cette fois sur des robots parallèles (qui comprennent plusieurs bras indépendants) et financé par l'Agence nationale de la recherche (ANR), le projet SIROPA, qui fait travailler ensemble des informaticiens (à l'INRIA, l'Institut national de recherche en informatique et automatique), des roboticiens (à l'École centrale de Nantes) et des mathématiciens (à Rennes). »

Epidémiologie mathématique

« Récemment, j'ai contribué à constituer un groupe de travail de quatre personnes (un mathématicien belge, qui a fait sa thèse avec moi, un mathématicien marocain spécialiste du calcul formel, un étudiant nigérien et moi-même) pour travailler sur l'épidémiologie mathématique, en ayant en tête les phénomènes qu'on peut observer au Niger. L'un des problèmes consiste à modéliser ce qui se passe pendant la période de "soudure", lorsque les récoltes de l'année précédente ont été mangées et qu'il faut attendre les suivantes. Durant cette transition, beaucoup de Nigériens quittent la brousse pour les zones urbaines. Ce mélange entre une population urbaine plutôt bien vaccinée et une population rurale qui l'est moins, de plus affaiblie et affamée, favorise le développement des épidémies. Que faire en termes de politique de santé publique ? Est-il nécessaire de vacciner tous les bébés avant un certain âge ? La modélisation joue donc un rôle de plus en plus crucial en épidémiologie. Pour répondre à ce type de questions, il faut étudier des polynômes avec énormément de paramètres. Là encore, la géométrie algébrique réelle peut rendre service.

Un tel groupe de travail est enrichissant parce qu'il permet de travailler avec des personnes de domaines très différents, avec l'espoir de mettre en place des applications directement utiles. »

Certificats de positivité

« Si je disais en racontant mon cursus que l'histoire des sciences ne m'a pas lâchée, c'est que parmi mes projets actuels, il y en a un sur les sources de la géométrie algébrique réelle. De manière étonnante, ce retour aux sources a aussi permis de trouver de nouveaux résultats. En étudiant des textes historiques, j'ai relu une démonstration du théorème fondamental de l'algèbre par Carl Friedrich Gauss (1777-1855) qui stipule que tout polynôme admet au moins une racine complexe. De nombreuses preuves analytiques existent, mais Gauss en a fait une preuve algébrique très impressionnante et rédigée magnifiquement.

Utilisant cette preuve de Gauss, j'ai pu donner, avec mon collègue Henri Lombardi, une version quantitative d'un résultat d'Emil Artin (1898-1962), qui a résolu en 1925 un des problèmes posés par David Hilbert (1862-1943) lors de sa célèbre conférence donnée au Congrès des mathématiciens, en 1900, où il lista les 23 problèmes mathématiques qu'il estimait importants pour le XXe siècle. Le problème s'énonce simplement : peut-on écrire un polynôme positif comme somme de carrés ? Une telle écriture fournirait un certificat de positivité, c'est-à-dire une preuve algébrique de la positivité du polynôme. Emil Artin répond qu'il est toujours possible de trouver une telle écriture, à condition d'introduire des dénominateurs. Toutefois, sa méthode ne donne aucun moyen explicite de construire cette écriture. Il a même laissé dans son article une note disant que ce serait une bonne chose d'avoir un algorithme produisant cette somme de carrés. Ce problème des certificats de positivité est plus ardu qu'il n'y paraît et connaît un regain d'intérêt du fait de ses applications en programmation. Notre travail a permis de trouver une écriture explicite d'un tel polynôme comme somme de carrés. Les degrés des numérateurs et des dénominateurs qui apparaissent dans la somme de carrés sont très élevés, beaucoup plus élevés que le degré du polynôme qu'il s'agit de représenter. Mais nous sommes malgré tout contents de notre résultat, qui représente un progrès significatif dans la compréhension de ce problème classique. »

Femmes et mathématiques

« Le nombre de chercheuses en mathématiques est en réel déclin. Alors qu'il y a vingt-cinq ans, la France était un pays plus avancé que l'Allemagne ou les États-Unis, les progrès se sont inversés. La diminution a commencé lorsque les écoles normales féminines et masculines ont fusionné dans les années 1980. Cette transformation a été bénéfique dans de nombreuses disciplines, mais le nombre de jeunes filles qui font des études poussées de mathématiques s'est effondré : moins de 5 % de filles sont admises aujourd'hui. La fin du rôle de discrimination positive joué par les écoles normales supérieures de jeunes filles, ajouté au fait que les jeunes étudiantes ont aujourd'hui un choix plus vaste d'écoles, explique à mon avis la raréfaction dramatique des femmes dans les études de mathématiques en France. Que faire pour enrayer ce déclin ?

Dans les années 1970 et dans la continuité des mouvements féministes, un certain nombre de femmes avait pris position en faveur d'une meilleure représentativité féminine dans cette discipline. En 1986, j'avais été invitée par l'Association américaine de femmes mathématiciennes (American Woman in Mathematics) à faire un exposé lors du congrès mondial des mathématiques qui se tenait à Berkeley. Dans la foulée, j'ai lancé une grande enquête sur les femmes mathématiciennes en France, sur leur carrière et leurs difficultés. Cela m'a beaucoup intéressée. Avec plusieurs collègues, nous avons décidé de fédérer nos efforts au sein d'une association. Cela a abouti à la création de Femmes & Mathématiques en 1987, dont j'ai été la première présidente.

Les actions de l'association sont nombreuses. D'abord comme groupe d'échange et de parole, nous nous encourageons mutuellement dans notre quotidien de mathématiciennes. Nous avons d'ailleurs publié un petit livre *Du côté des mathématiciennes*, relatant les anecdotes dénonçant la misogynie dont nous avons pu être victimes au cours de notre carrière. Nous faisons aussi un gros travail vers l'extérieur pour encourager les filles à faire des mathématiques, tout en luttant contre les stéréotypes. Tout un travail de l'association, lié aux échanges avec des associations similaires dans d'autres pays, permet de montrer que le dédain et les apriori à l'encontre des mathématiques chez les filles résultent de constructions sociales. D'un pays à l'autre, même au sein de l'Europe, les rapports aux mathématiques sont très différents. Par exemple, il y a proportionnellement beaucoup plus de femmes mathématiciennes en recherche ou dans l'enseignement supérieur en Italie que dans les pays scandinaves… »

Les figures marquantes

« Parmi les enseignants que j'eus au cours de mes études, je citerai d'abord Jean-Pierre Serre, un modèle, qui parvenait à exposer ses idées avec beaucoup d'élégance. Bien que je ne fis pas de recherche avec lui, c'est une personne qui m'a marquée et qui m'a sans doute aidée à ouvrir des portes à plusieurs reprises dans ma carrière. Trois souvenirs me reviennent en mémoire. En 1987, lorsque nous avons proposé le premier livre de géométrie algébrique réelle, Serre faisait partie du comité de lecture de l'éditeur auquel nous avions proposé le livre et il a donné un avis très favorable. En 2004, lorsque j'ai reçu le prix Irène Joliot-Curie destiné à promouvoir la place des femmes dans la recherche et la technologie en France, le comité s'était renseigné sur moi auprès de lui et il a là encore été favorable. Enfin, je me souviens d'un jour où il assista à un exposé que je donnais sur le problème du déménageur de piano. Sa présence dans la salle m'angoissait un peu. À la fin de l'exposé, il leva la main – j'étais morte d'émotion – et dit : "C'est très intéressant, est-ce que cet algorithme a été implanté ?" J'étais soulagée car il ne m'était pas difficile d'apporter la réponse : la complexité de l'algorithme est trop grande pour qu'on puisse en espérer une implantation résolvant des exemples significatifs.

René Thom, le père de la théorie des catastrophes*, a également beaucoup compté, bien que les relations directes avec lui aient été presque inexistantes. C'est l'un des premiers mathématiciens à avoir affirmé qu'il ne fallait pas se limiter à la géométrie algébrique complexe et à insister sur l'importance de la géométrie réelle. »

La Chasse à la Licorne (1495-1505), tapisserie du Moyen Âge

« Cette série de sept tapisseries, que j'ai découverte en 1979 en visitant le musée The Cloisters de New York, dépeint une suite de scènes de chasse. Après des scènes assez chargées où l'on voit les chasseurs acculer l'animal, il y a la scène finale, magnifique, où, après avoir été tuée, la licorne ressuscitée se retrouve dans un enclos, enchaînée à un arbre. John Rockefeller adorait, dit-on, cette tapisserie au point de faire fermer le musée quand il s'y rendait, pour jouir tranquillement de sa contemplation. La première fois que je la vis, la scène terminale m'avait tellement frappée que j'en ai acheté une reproduction à broder. J'ai passé des heures et des heures sur cette broderie au début des années 1980. Aujourd'hui, la licorne dans son enclos trône dans mon salon. J'ai beaucoup tricoté et brodé dans ma vie. Ce type d'activités manuelles me fait du bien. De manière générale, j'adore les dragons et les licornes, *a fortiori* quand elles sont représentées sur des broderies ou des tapisseries. »

Marie-Françoise Roy

Regard sur la discipline

« Aujourd'hui, je suis persuadée que l'on a de meilleurs livres de mathématiques et de meilleures méthodes pédagogiques que naguère : plus de motivations, plus d'exemples, plus d'applications. Il est louable de chercher à amener 80 % d'une classe d'âge au baccalauréat, mais une certaine diversification des filières est indispensable. Les réformes successives des lycées ont eu pour conséquence la raréfaction des vocations scientifiques. Or, il y a des secteurs entiers de l'économie qui manquent de personnes capables de modéliser et de faire des calculs. De plus en plus de scientifiques et d'ingénieurs seront nécessaires dans le futur et la source se tarit au nom d'un égalitarisme mal pensé et mal mis en œuvre. J'ai l'impression qu'on fait beaucoup de réformes dont on ne fait jamais le bilan. Cela ressemble à un bateau mal gouverné.

La quantité de mathématiques enseignée diminue, alors que leur champ d'application ne cesse de s'élargir. Il y a quelques dizaines d'années, les applications étaient surtout liées au calcul numérique et aux éléments finis, ce qui représente finalement un domaine bien délimité des mathématiques. Aujourd'hui, pour faire des mathématiques financières et de la modélisation du risque, il faut bien connaître les probabilités et les statistiques ; pour la cryptographie, il faut connaître la géométrie algébrique et la théorie des nombres ; pour faire de l'analyse du signal, il faut connaître des résultats d'analyse très récents.

Les enseignants en mathématiques sont en général de bon niveau, mais les objectifs qu'on leur fixe sont irréalisables. Donner une culture mathématique à tout le monde, tout en formant des personnes qui se destinent aux matières scientifiques et qui, par conséquent, ont besoin de connaissances plus approfondies et plus spécialisées, est quasiment une mission impossible. La conciliation de ces objectifs est complexe à mettre en œuvre et on ne se donne pas les moyens d'y parvenir.

Bien qu'étant de nature optimiste, je suis inquiète du fait de la diminution d'élèves qui suivent la spécialité mathématiques au lycée. Alors qu'il faudrait arriver à relancer cette discipline, la réforme du lycée tend vers une première à options où les mathématiques seront encore réduites. Le risque est d'arriver à une situation analogue à celle qui prévaut aux États-Unis où l'on est aujourd'hui incapable de former des scientifiques issus du système scolaire américain : dans ce pays, la majorité des étudiants en thèse vient aujourd'hui d'Inde ou de Chine.

La recherche française en mathématiques se situe au tout premier plan dans le monde. Je ressens pourtant un manque d'interaction avec les autres disciplines et avec l'industrie. La France a un potentiel énorme de bons mathématiciens, mais ils restent sans doute trop en vase clos.

Pour tenter de changer les choses, j'ai participé au projet Maths à venir 2009 qui cherche à placer les mathématiques au sein du débat public et à suggérer des actions permettant à la communauté mathématique de s'ouvrir davantage vers l'extérieur, comme l'avait fait avec succès un précédent en 1987 (voir Jean-Pierre Bourguignon). La nécessité d'une recherche théorique à long terme doit être reconnue par les pouvoirs publics, car une communauté menacée tend à se replier sur elle-même. Il y a beaucoup d'efforts à faire pour enrayer le manque actuel de jeunes scientifiques qui pèse comme une menace sur l'école mathématique française. »

PRINCIPAUX OUVRAGES

Lougou et Saraouniya, avec Nicole Moulin, Boubé Namaïwa et Bori Zamo, Tarbiyya Tatali, 2007. À la découverte d'une région méconnue du Niger, ce livre résulte d'une rencontre entre quatre personnes, deux Nigériens et deux Françaises, attachées au village de Lougou et de Saraouniya, la reine et prêtresse animiste qui y vit recluse depuis la défaite subie par Lougou au début de la colonisation. (Livre vendu au profit de l'association Tarbiyya Tatali.)

Du côté des mathématiciennes, avec Annick Boisseau, Véronique Chauveau, Françoise Delon et Gwenola Madec, Aléas, 2002. Publié sous l'égide de l'association Femmes & Mathématiques, ce petit livre relate le quotidien de quelques femmes mathématiciennes. À travers anecdotes et citations, il offre un témoignage unique sur un univers professionnel pas toujours exempt de misogynie.

À lire aussi (ouvrages scientifiques)

Géométrie algébrique réelle, avec Michel Coste et Jacek Bochnak, Springer Verlag, 1987.

Algorithms in Real Algebraic Geometry, avec Saugata Basu et Richard Pollack, Springer Publishing Company, 2003.

À consulter

www.tarbiyya-tatali.org : Le site de l'association Tarbiyya Tatali.

www.femmes-et-maths.fr : Le site de l'association Femmes & Mathématiques.

www.math-a-venir.org : Le site du projet Maths à venir 2009.

11.

Wendelin Werner

Spécialiste des probabilités, il est le premier mathématicien à recevoir la médaille Fields* pour cette discipline. Il attribue cette reconnaissance à des rencontres avec de brillants collègues et peut-être aussi à son sens de l'orientation qui l'a aidé à retrouver son chemin dans les méandres des trajectoires aléatoires…

1968
Naissance à Cologne (Allemagne)

1969
Arrivée en France

1981
Tourne dans La Passante du Sans-Souci

1987
Entrée à l'École normale supérieure de Paris

1991
Entrée au CNRS

1997
Professeur à l'université Paris-Sud (Orsay)

2006
Médaille Fields

La vocation

« Mon père était au CNRS, mais en littérature (mes parents étaient d'ailleurs venus en France car il travaillait sur les manuscrits de Heinrich Heine que la Bibliothèque nationale venait alors d'acquérir) et il n'y avait pas dans ma famille de scientifique. Du coup, je ne m'étais jamais posé la question des mathématiques en termes de métier possible. Mais il est vrai que les matières scientifiques m'ont toujours plu, et surtout les mathématiques. Quand j'avais 3 ou 4 ans, ma grand-mère me surnommait le "petit mathématicien", sans doute parce que j'aimais les chiffres. À l'école, j'appréciais particulièrement les mathématiques, peut-être parce que c'est la matière dans laquelle l'évaluation est la plus équitable, contrairement à d'autres où l'on peut avoir compris sans que cela se traduise par de bons résultats.

La légende familiale, sans doute exagérée, met en avant mon bon sens de l'orientation. Mes parents racontent que je gigotais dans tous les sens dans la voiture lorsque ma mère se trompait de chemin, alors que je n'étais pas encore capable de parler ! Le fait est que je me suis très tôt bien repéré dans l'espace et que, plus tard, j'aimais regarder les cartes géographiques sur lesquelles je m'amusais à retracer mentalement tous les endroits où j'étais passé (souvent au cours de randonnées à vélo). Je m'étais d'ailleurs dit que je travaillerais un jour à l'Institut géographique national (IGN) dont j'aimais acheter les cartes… Enfant, j'appréciais aussi d'autres choses : faire de la musique, jouer à des jeux de société ou regarder les étoiles – j'avais lu quelques livres sur l'astronomie. Pendant la période entre 9 et 15 ans, si un adulte me demandait ce que je voulais faire plus tard, je répondais toujours "astronome". Mais bon, je n'étais pas si "intellectuel" que cela, le foot jouait un rôle prépondérant dans ma vie…

Durant l'année de troisième, j'ai eu la chance de jouer dans le film de Jacques Rouffio et Jacques Kirsner, *La Passante du Sans-Souci*, où je tenais le rôle du fils adoptif de Romy Schneider. Les producteurs cherchaient un enfant qui jouait du violon et cela m'est tombé dessus un peu par hasard. Le "Monsieur Casting" du film, Dominique Besnehard, aujourd'hui assez connu entre autres en tant qu'agent de stars, était passé dans l'orchestre de jeunes où je répétais en demandant qui souhaiterait jouer dans un film. J'ai été l'un des seuls à ne pas avoir levé la main… J'ai donc vécu cette expérience sans plan particulier, essentiellement par curiosité. Cependant, il a fallu à un moment que je me pose la question de savoir si j'étais bien certain de ne pas vouloir poursuivre dans cette branche. Il y avait plein de gens sympathiques et l'ambiance des plateaux, avec les techniciens, était intéressante. Toutefois, il n'y avait pas de réelle démarche artistique de ma part et je ne ressentais pas une envie de m'exprimer à travers le jeu d'acteur. Me demandant donc ce que je voulais faire plus tard, je me suis alors rendu compte que j'étais attiré par la stimulation intellectuelle et scientifique. Je me souviens avoir formalisé à cette période l'idée que je ferais des études scientifiques après le baccalauréat. »

Le cursus

« Même si mes origines sont en première approximation germaniques (je suis né citoyen allemand) et que j'ai effectué mes études secondaires dans un lycée franco-allemand, je suis un produit du système scolaire français. La voie m'était toute tracée : les bons élèves qui s'intéressent aux sciences ne se posent pas trop de questions, ils vont en classe préparatoire et présentent ensuite aux concours des grandes écoles. J'ai fait mes années de classe préparatoire au lycée Hoche de Versailles. En fait, c'était une période plutôt tranquille, les cours et leur contenu me plaisaient, et puis ce n'est pas désagréable d'avoir de bonnes notes…

En 1987, je suis entré à l'École normale supérieure de la rue d'Ulm, mais j'ignorais encore si j'allais faire des mathématiques ou de la physique. J'aimais bien les sujets traités dans cette dernière matière (j'avais eu d'excellents professeurs au lycée), mais je trouvais qu'en classe préparatoire, une partie de l'enseignement était artificiel, dans le seul but d'arriver à fabriquer une note au détriment du contenu. Les mathématiques souffraient un peu moins de ce travers. "Peut-être que ce défaut disparaîtrait à l'ENS", me suis-je dit, et, durant le premier semestre, j'ai suivi des cours de physique en parallèle au cursus de mathématiques. Ces cours, essentiellement de la physique statistique et de la mécanique quantique, me déçurent. J'ignore exactement pourquoi, mais disons que j'attendais quelque chose que je n'ai pas ressenti à ce moment-là. J'avais aussi gardé dans un coin de ma tête cette envie d'enfant de faire de l'astronomie, mais ayant entendu dire que le secteur était "bouché" et compte tenu du fait que j'appréciais les cours de mathématiques, je n'ai pas exploré cette idée.

La deuxième année, j'ai suivi un DEA (aujourd'hui un master 2) de probabilités, car cette spécialité m'attirait. J'ai fait mon mémoire avec Paul Malliavin, spécialiste de l'analyse stochastique*. J'ai ensuite embrayé avec une thèse sous la direction de Jean-François Le Gall, dont j'avais apprécié les cours en DEA. Il fait partie de ces mathématiciens qui font des cours et des exposés magnifiques, très préparés, ne laissant rien au hasard. Cette clarté méticuleuse allait jusque dans la rédaction des articles qu'il voulait parfaits. Quand on se retrouve entre anciens thésards de Jean-François Le Gall, on se remémore avec "émotion" du grand nombre de fois où il nous demandait de reprendre la présentation de nos articles…

Le sujet sur lequel j'ai commencé à travailler tournait autour du mouvement brownien plan, les trajectoires continues aléatoires. J'ai retrouvé dans ce sujet une synthèse de tout ce que j'aimais. Il y avait des aspects de géométrie descriptive, comme lorsqu'on lit une carte routière ou une carte géographique et que l'on cherche à décrire ce que l'on voit. Il y avait des trajets bidimensionnels, comme aux échecs ou sur les cartes routières encore, et un aspect aléatoire, comme dans les jeux auxquels je jouais en famille étant enfant. Il y avait aussi cet aspect infini ou infinitésimal présent dans ces trajectoires continues qui me rappelait l'astronomie. Bref, cela me correspondait et je m'y suis tout de suite senti bien. Dans le courant de la troisième année à l'ENS, j'ai donc commencé une thèse sous la direction de Le Gall sur les trajectoires browniennes.

À la fin des quatre années d'école, j'avais commencé ma thèse depuis plus d'un an et je suis rentré au CNRS. C'était une époque où il était possible d'y rentrer jeune, avant même d'avoir fini sa thèse. Cette embauche précoce a été une chance car elle m'a assuré beaucoup de liberté dans mes recherches : sans la pression de publier pour avoir des dossiers d'embauche solides qui "présentent bien", j'ai pu prendre mon temps pour finir ma thèse et parfaire mes connaissances.

En 1993, après ma soutenance, je suis parti faire un séjour postdoctoral à Cambridge, en Angleterre. J'y ai passé deux années financées par une bourse européenne, qui tenaient en partie lieu de service national (en tant que coopérant, on m'a d'ailleurs vacciné contre la fièvre jaune avant de partir car c'était le règlement...). Cela a été une période fructueuse. D'abord, je n'avais pas de pression, puisque mon poste au CNRS m'attendait au retour. Ce calme relatif m'a incité à aborder des questions considérées comme difficiles, car je n'avais pas de nécessité de résultat immédiat. Ensuite, Cambridge était un lieu de passage et j'y ai entendu beaucoup de conférenciers intéressants. Enfin, c'est à cette période que j'ai commencé à participer à des conférences organisées aux États-Unis. J'ai ainsi pu rencontrer de nombreux mathématiciens et démarrer des collaborations internationales. C'est un peu plus tard, au cours d'une conférence à Oberwolfach (Allemagne), en 1997, que j'ai commencé à travailler avec Gregory Lawler, qui est devenu l'un de mes collaborateurs principaux par la suite. »

L'apport aux mathématiques

Les trajectoires browniennes

« Une trajectoire brownienne dans le plan est une courbe que l'on peut *grosso modo* décrire en disant que sa direction change à chaque instant de manière aléatoire. C'est analogue à la "marche de l'ivrogne" sauf que dans l'objet mathématique c'est à chaque instant que la direction change (du coup, il n'y a en fait plus de direction du tout car la courbe n'est pas dérivable). Ce n'est pas un mouvement facile à décrire car il est désordonné à toutes les échelles. C'est d'ailleurs l'une des propriétés principales de cet objet : on peut zoomer autant de fois que l'on veut sur la trajectoire, on trouvera une trajectoire qui a la même allure globale. Cette invariance d'échelle est ce qui caractérise les objets fractals. L'objet mathématique est déjà amusant en soi, mais ces trajectoires browniennes ont beaucoup de propriétés étranges. Par exemple, la trajectoire oscille infiniment vite à petite échelle, de sorte qu'il y a des points sur lesquels la trajectoire va passer une infinité de fois, même durant un intervalle de temps fini…

Lorsque je suis arrivé comme étudiant de Le Gall, il avait obtenu des résultats importants sur le brownien plan et commençait à travailler à d'autres sujets. Du coup, il me laissait pas mal de questions intéressantes et stimulantes, tout en étant d'excellent conseil. Dans le prolongement de ses travaux, je me suis intéressé à des questions du type : est-ce qu'il y a plus de points où la trajectoire passe deux fois (points double) que de points ou elle ne passe qu'une fois ? Quelle est la forme des trous laissés par la trajectoire ? Peut-on décrire le nombre de tours de la trajectoire autour de ces trous ? »

La conjecture de Mandelbrot

« Parmi les problèmes plus durs que j'ai commencé à aborder à mon retour de Cambridge, il y avait des questions alors considérées comme inaccessibles sur le bord des trajectoires browniennes et notamment la conjecture* de Mandelbrot, liée à beaucoup d'autres conjectures chez les physiciens. Pour la comprendre, commençons par dessiner un mouvement brownien dans le plan. Le dessin représente une sorte de tache. Considérons ensuite le bord extérieur de cette tache et examinons ses propriétés. Comme une trajectoire brownienne est invariante par changement d'échelle, lorsqu'on fait un zoom sur le bord extérieur de la tache, on va retrouver la même apparence. Ce bord est donc aussi une fractale aléatoire. On cherche alors à décrire son irrégularité et ce n'est pas très compliqué de voir qu'il a une dimension fractale* donnée. Quelle est cette dimension ? Par analogie avec les conjectures sur les marches aléatoires auto-évitantes et sur la base de simulations, Benoît Mandelbrot avait conjecturé en 1982 que cette dimension était égale à 4/3.

De retour en France après mon séjour post-doctoral, j'ai repris mon poste au CNRS et j'ai commencé à lire des ouvrages de physique statistique, car les interfaces que l'on trouve dans les modèles de changements de phase en physique ressemblent aux bords des browniens. Les conjectures sur ces dimensions fractales faisaient partie d'une plus large classe de conjectures concernant ces changements de phase.

Avec Gregory Lawler, nous avions alors compris pourquoi les frontières browniennes étaient reliées à la percolation critique. La percolation, c'est le principe à l'œuvre dans la machine à expresso : l'eau chaude se déplace dans les interstices laissés par le café moulu. Si la pression de l'eau est faible et que le café est bien tassé, alors l'eau ne passe pas, mais lorsque la pression augmente, elle finit par passer. En deux dimensions, cela correspond à un quadrillage blanc dont on colorie au hasard certaines cases en noir. Le bord des taches noires – l'amas de percolation – aura une irrégularité semblable à l'irrégularité du bord du brownien. De son côté, le mathématicien israélien Oded Schramm (1961-2008) a compris comment décrire les interfaces de la percolation *via* l'itération de transformations aléatoires qui préservent les angles, et à trois nous avons pu combiner toutes les pièces du puzzle et prouver cette conjecture de Mandelbrot.

Finalement, ce résultat a été obtenu comme un cas particulier d'une classe de résultats qui ne sont pas moins importants. Par exemple, nous avons décrit comment évolue la probabilité que deux chemins aléatoires restent disjoints. Nous avons pu prouver des analogies entre modèles mathématiques et modèles physiques qui sont utiles aux physiciens. D'ailleurs, la communauté des physiciens a apprécié que l'on puisse asseoir sur des bases solides des questions qu'ils se posaient depuis longtemps. Il ne faut pas oublier que de nombreux résultats admis en physique théorique restent des problèmes ouverts en mathématiques. »

De la percolation aux trajectoires browniennes

« Avec Gregory Lawler, nous avons étudié le rapprochement entre le processus de percolation, issu des modèles physiques, et celui des trajectoires browniennes. Nous ne voyions pas du tout comment démontrer la conjecture de Mandelbrot, qui stipule que la dimension fractale du bord de la trajectoire brownienne est 4/3, mais nous avons conclu que les limites des bords des amas de percolation (si elles existent) devaient posséder les mêmes propriétés et étaient sans doute plus facile à étudier. Nous étions en train de terminer la rédaction de notre article (c'était pendant la pause entre deux exposés lors d'une conférence à Toronto) lorsqu'un e-mail d'Oded Schramm, qui allait complètement changer la donne, est arrivé. Il avait des idées novatrices sur la manière d'aborder la percolation en utilisant des techniques d'analyse complexe*, qui sont habituellement absentes de l'arsenal du probabiliste. En combinant toutes ses idées et les nôtres et en travaillant assez intensément pendant les années qui ont suivies, nous sommes parvenus à montrer un certain nombre de conjectures, dont la conjecture de Mandelbrot. »

Consécration

« Un jour de mai 2006, j'ai reçu un coup de téléphone de John Ball, le président de l'Union mathématique internationale. Il m'annonçait que j'avais été choisi pour être lauréat de la médaille Fields, l'une des plus prestigieuses récompenses en mathématiques. J'ai été évidemment sensible à l'honneur qui m'était fait. Cela m'a semblé sur le coup un peu surréaliste, même si je dois avouer que cela n'a pas été une totale surprise. Plusieurs paramètres rendaient cette médaille possible : jamais un probabiliste n'avait encore reçu cette consécration et cela semblait de plus en plus anormal ; la dizaine d'articles publiés au cours de ma collaboration avec Lawler et Schramm était considérée comme importante et novatrice ; parmi les auteurs de cette collaboration, j'étais le seul à avoir moins de 40 ans (une autre condition pour recevoir la médaille Fields). De surcroît, nos résultats mélangeaient les probabilités avec d'autres sortes de mathématiques et les physiciens disaient de leur côté que ces résultats étaient importants. Bref, ces raisons de politique scientifique et d'équilibre entre les domaines ont sans doute motivé cette année-là les membres du jury dans leurs choix si difficiles.

Cette récompense a changé en profondeur le regard des autres. Pas celui de ceux qui me connaissaient, mais le regard de ceux qui entretiennent ce fantasme du “génie des mathématiques”. À l'image de ce journaliste qui, un jour, m'a demandé ce qui pouvait se passer dans un cerveau comme le mien, qui doit être “très spécial”... Quand j'interviens devant le grand public, j'assume ce rôle de porte-parole et cela ne me plait pas particulièrement d'être ainsi mis en avant. J'essaie autant que possible de dissiper une certaine image, en général fausse, du matheux asocial et étrange et de démystifier les mathématiques... La remise de la médaille Fields est le seul moment où l'on médiatise les mathématiques et on se doit d'utiliser cette petite exposition médiatique à bon escient. On ne peut se contenter des paroles convenues du chef de l'État qui se félicite de la “vigueur de l'école mathématique française” ; il faut saisir les moindres occasions de rappeler que les mathématiques sont une matière passionnante, qui a un rôle essentiel à jouer dans l'avancée des connaissances et qui véhicule aussi des valeurs importantes.

Aujourd'hui, l'évolution aléatoire des objets mathématiques bizarres continue de me fasciner. Je travaille encore sur les chemins aléatoires auto-évitants, des trajectoires qui ne repassent jamais par le même point et qui nous ont beaucoup servi pour résoudre les conjectures mentionnées. Or, ces chemins qui sont simples à imaginer cachent des problèmes profonds, que ce soit sur le plan des mathématiques pures ou en lien avec la physique (croissance aux interfaces, gravité quantique ou théorie conforme des champs*). L'un des problèmes sur lesquels les mathématiciens “sèchent” porte sur la compréhension du comportement à grande échelle d'un chemin auto-évitant. Par exemple, dessinons un chemin auto-évitant très long en le choisissant au hasard parmi tous ceux possibles, sur un quadrillage donné. Et bien on ne sait pas dire grand chose sur ce chemin très long. Entre autres, on ne sait même pas démontrer qu'il ne va pas choisir une direction particulière et s'y tenir. C'est un problème ouvert. »

Les figures marquantes

« Si je suis redevable à beaucoup personnes de ce que je suis aujourd'hui, je ne souhaite pas distinguer d'enseignants en particulier. Il est certain que j'ai eu d'excellents professeurs, que cela soit au lycée, en classe préparatoire ou à l'ENS. J'ai assisté à des cours qui étaient de véritables œuvres d'art, mais ce n'est pas vraiment en cours qu'il y a eu des déclics. Les meilleurs moments de mon cursus sont en fait intervenus lorsque j'ai découvert des choses par moi-même. Certes, les cours sont des tapis rouges que l'on déroule sous les pas des étudiants pour les aider. Mais quelle que soit leur qualité, il faut s'approprier la matière. Quand j'étais étudiant, mes moments préférés étaient ceux où j'allais à la bibliothèque. Fouillant dans les recoins, je tombais par hasard sur des ouvrages que personne ne m'avait conseillés. Je m'installais et comprenais. Ce sont ces périodes d'appropriation, où l'on entrevoit seul la profondeur d'une construction mathématique, que j'ai particulièrement appréciées.

Par la suite, j'ai rencontré beaucoup de mathématiciens extraordinaires. Ce qui m'a tout de suite marqué dans cette communauté, ce sont les valeurs d'équité que nous partageons et le plaisir que nous avons à travailler ensemble. Le mathématicien Oded Schramm était l'un des collaborateurs des articles sur les mouvements browniens et sur la percolation qui m'ont valu la médaille Fields. Disparu tragiquement en montagne en septembre 2008, il est l'un de ces mathématiciens qui illustrent magnifiquement les valeurs qui transcendent cette communauté. Lors de la cérémonie en son hommage, qui a eu lieu à Seattle, énormément de gens sont venus témoigner de leur relation avec lui, racontant des anecdotes souvent drôles, de ses collègues mathématiciens à un professeur de monocyle. C'était un moment poignant. Lorsqu'une personne aussi sympathique, aussi ouverte et simple à la fois, tout en étant au sommet mondial de la discipline, disparaît, on prend conscience du privilège que nous avons d'évoluer dans un tel milieu professionnel. »

« Qui Tollis », *Messe en* si *mineur* (1724-1748), Johann Sebastian Bach

« *La messe en* si *mineur* de Bach est magnifique. Écrite en grande partie à partir d'œuvres déjà composées, elle reste un chef-d'œuvre de la musique sacrée. Le court "Qui tollis" ("qui enlève" dans "qui enlève le péché du monde") est pour moi un passage magique. Par la manière dont il arrive presque abruptement dans la messe, par sa complexité harmonique, avec toutes ces voix qui se répondent, comme un moteur qui avance inexorablement et calmement, et avec la ligne mélodique des deux flûtes qui couronne le tout, c'est vraiment un air exceptionnel. J'apprécie beaucoup Bach, mais ce n'est pas le seul compositeur qui a mes faveurs. Je dois cependant avouer une petite faiblesse pour la musique allemande, peut-être en raison de mes origines germaniques. Souvent, ce qui me touche le plus, c'est lorsque je sens que le compositeur parvient à transcender ou à exprimer le malheur à travers sa musique. Et cela quel que soit le genre de musique, classique, jazz ou variété. »

Regard sur la discipline

« Pour moi, la communauté des mathématiciens a quelque chose d'unique. Durant la conférence de Madrid, en 2006, au cours de laquelle on m'a remis la médaille Fields, j'ai été frappé par le discours d'ouverture de John Ball, qui a donné sa vision du métier de mathématicien. Il a décrit une communauté intègre, où nous discutons librement de nos résultats. Un travail qui acquiert sa réputation par son contenu et non par la manière dont il est promu. Des mathématiciens qui ne possèdent pas les mathématiques, mais qui en cherchent constamment une compréhension profonde. Une compréhension fondée sur une appréciation de la beauté, de la simplicité, de la structure et du pouvoir de la généralisation. Il a ajouté que les mathématiques sont une discipline transnationale dans laquelle des collaborations se nouent au-delà de toute frontière et de toute croyance… Même si tout n'est pas parfait dans le meilleur des mondes – il existe toujours des personnes moins sympathiques que les autres –, ce discours était totalement en phase avec ce que je ressentais et je considère l'appartenance à cette communauté comme une grande chance.

Autre spécificité des mathématiques : les étudiants peuvent être très rapidement performants dans le sens où il n'y a pas besoin de quinze années d'expérience pour s'attaquer à des problèmes considérés comme difficiles. La grande chance de la France est que le système de sélection fait que les étudiants en thèse sont souvent excellents. Du coup, la transmission entre jeunes et mathématiciens établis est enrichissante, elle oblige ces derniers (dont je fais maintenant partie…) à une certaine modestie.

Si pour l'instant, il y a suffisamment de thésards pour assurer le renouvellement des générations, le système est fragile. Le monde évolue et je constate des changements profonds dans l'enseignement par rapport à l'époque où j'étais étudiant. Les programmes de mathématiques ont été progressivement simplifiés. L'une des conséquences en est qu'il reste beaucoup moins de ces aspects stimulants qui m'avaient fait aimer et choisir cette matière. Du coup, si j'avais fait le lycée tel qu'il est aujourd'hui, je n'aurais sans doute pas continué en mathématiques.

Dans la compréhension des mathématiques, il y a deux choses importantes. D'une part, l'intuition que l'on peut avoir et, d'autre part, parvenir à convertir cette intuition en un énoncé formel. Prenons l'exemple d'une suite dont on veut montrer qu'elle converge vers 0. Il est assez facile de se faire une idée de ce que cela signifie : les termes d'une suite de nombres s'approchent de plus en plus de 0. L'énoncé formel correspondant est du type "quel que soit le réel positif ε, on peut trouver un entier N tel que $n > N$ implique $|Un| < \varepsilon$". C'est cette formalisation qui a tendance à disparaître de l'enseignement. Une formalisation qui fait peur et que l'on refoule par des phrases du type "c'est incompréhensible", "en plus vous utilisez des symboles grecs"... Or, ce passage de l'intuition à l'énoncé formel est précisément l'essence des mathématiques. Les mathématiques, finalement, c'est formaliser d'une façon claire et univoque une compréhension intuitive.

J'ai constaté aussi à Orsay un changement dans le public étudiant. Lorsque j'ai commencé à enseigner, la densité de très bons étudiants en 2e cycle à l'université était forte. Ces étudiants sont souvent aussi bons que ceux des grandes écoles et ils peuvent même se révéler meilleurs en recherche, car ils possèdent d'autres qualités. Or, ces très bons étudiants ont tendance à devenir de moins en moins nombreux. Du coup, il y a un réel début de découplage entre les différents cursus. Par exemple, en master 2 de probabilités à la faculté d'Orsay, j'ai cette année une quinzaine d'élèves, dont une douzaine de normaliens.

Ce phénomène n'est pas spécifique à la France. Il existe aussi dans d'autres pays développés une raréfaction des étudiants en sciences. À l'étranger, dans des niveaux équivalents au master 2, des collègues n'ont souvent que deux ou trois étudiants. Aux Pays-Bas par exemple, le nombre d'étudiants en 2e cycle de mathématiques est de l'ordre d'une vingtaine, pour un pays de 16 millions d'habitants !

Cette crise des vocations scientifiques est générale dans les pays occidentaux et je ne crois donc pas qu'on puisse l'expliquer par les remarques que je formulais sur les programmes. Même si les étudiants en sciences trouveront probablement plus facilement un emploi que les camarades qui se lancent dans des carrières commerciales, le travail dans le domaine des sciences n'est pas reconnu socialement. Au contraire, l'Inde et la Chine, où l'importance et l'intérêt stratégique des sciences ont été compris, produisent des scientifiques en grand nombre.

En France, la profession de mathématicien reste cependant préservée par le système des classes préparatoires, assez conservateur, qui confronte les meilleurs étudiants à de belles mathématiques stimulantes. Il continue ainsi à produire un certain nombre d'étudiants brillants qui souhaitent continuer à étudier cette matière, mais il n'est pas sain de vivre uniquement sur cette "filière". »

À CONSULTER

www.math.u-psud.fr/~werner/ : Le site Web de Wendelin Werner à l'université Paris-Sud. Y sont référencés ses principaux écrits (notes de cours par exemple).

12.

Jean-Christophe Yoccoz

Reçu premier à l'École normale supérieure et premier *ex æquo* à l'agrégation, la carrière de ce surdoué des mathématiques s'annonçait sous d'excellents auspices. Très vite, il s'impose dans le domaine des systèmes dynamiques, théorie qui consiste à étudier l'évolution à long terme d'un système dont on connaît la loi d'évolution élémentaire. Récompensé par ses pairs par la médaille Fields* en 1994, il entre ensuite au Collège de France où il continue à professer aujourd'hui, alliant une vision géométrique fine à une puissance de calcul impressionnante.

1957
Naissance à Paris

1975
Entrée à l'École normale supérieure de Paris

1977
Agrégation de mathématiques

1979
Entrée au CNRS

1985
Thèse d'État

1988 à 1996
Professeur à l'université d'Orsay

1994
Médaille Fields

Depuis 1997
Professeur au Collège de France

La vocation

« Mon père étant physicien, j'ai été très tôt sensibilisé au métier de chercheur. Si je ne peux pas dater avec précision la période où je me suis mis à aimer les mathématiques, il est clair que dès la quatrième, j'y obtenais d'excellentes notes et je prenais plaisir à la pratique de cette matière.

Mon père n'a cependant jamais cherché à m'influencer dans le choix de mes études. Un temps directeur de l'IN2P3 (l'institut du CNRS qui gère la physique des particules), il était très occupé et se déplaçait beaucoup entre Paris et Grenoble, où nous habitions. Nous n'en avons donc jamais vraiment discuté. Nul doute cependant que l'accès facile à des livres scientifiques, ou tout simplement la possibilité de poser des questions lorsque je m'interrogeais ont dû me prédisposer à devenir mathématicien. Bien que mon père fût physicien, je n'ai jamais vraiment hésité entre mathématiques et physique, car je me rendais compte que lorsque j'avais de bons résultats en physique, c'était parce que les exercices reposaient sur des calculs. Les rares fois où il fallait faire appel au sens physique, je me sentais perdu. Autrement dit, j'aimais l'aspect mathématique de la physique.

Après un début de scolarité à Strasbourg, puis à Grenoble, nous avons déménagé à Paris et j'ai atterri au lycée Louis-le-Grand en première scientifique. En terminale, je me suis retrouvé dans une classe qui regroupait les meilleurs élèves en mathématiques. C'est là que j'ai rencontré Pierre-Louis Lions, qui allait devenir spécialiste des équations aux dérivées partielles et qui devait recevoir la médaille Fields la même année que moi. C'est dire si l'émulation était forte. Nous avions un professeur de mathématiques exceptionnel, M. Gerll, qui savait merveilleusement s'adresser aux élèves et qui débordait largement du cadre du programme.

Dans les autres matières, j'avais également de bons résultats, mais je ne me sentais pas aussi à l'aise qu'en mathématiques. Du coup, je n'ai pas hésité : j'ai poursuivi en classe préparatoire, puis je suis entré à l'École normale supérieure de la rue d'Ulm, un parcours classique. »

Le cursus

« Rue d'Ulm, j'ai retrouvé une quinzaine de mes condisciples de Louis-le-Grand, dont Pierre-Louis Lions. La première année, nous devions passer la licence et la maîtrise de mathématiques (aujourd'hui licence 3 et master 1). Tout l'enseignement se faisait alors à l'université et les normaliens étaient beaucoup moins encadrés que maintenant. Du coup, durant cette première année, j'ai beaucoup… joué aux échecs. Être logé en plein quartier latin après plusieurs années passées à Gif-sur-Yvette (Essonne) où j'habitais avec mes parents a été un vrai plaisir. Je me souviens être beaucoup allé au cinéma… J'ai fait ce qu'il fallait pour avoir les examens, mais sans excès de zèle.

Au cours de la deuxième année d'école, en 1976-1977, j'ai passé l'agrégation de mathématiques et j'ai commencé à préparer un DEA (master 2). La préparation de l'agrégation m'a paru scolaire. Malgré tout, je pense qu'il est utile de la passer, même lorsqu'on veut faire de la recherche par la suite. À l'époque du moins, cela consistait essentiellement à acquérir une culture générale dans différents domaines des mathématiques, une culture qui ne peut qu'être utile au chercheur. Son seul inconvénient, si c'en est un, est que son année de préparation retarde éventuellement l'avancement dans une voie de recherche particulière.

Parallèlement à l'agrégation, j'ai commencé à suivre un séminaire de topologie algébrique* ; c'était un domaine dont le cours en maîtrise m'avait beaucoup plu. Or, il s'est avéré que ce n'était pas du tout le type de mathématiques que j'aimais pratiquer. J'ai découvert à cette occasion que ce qu'on peut apprécier en assistant à des cours ou à des conférences n'est pas forcément ce pourquoi on a du goût ou du talent dans sa propre pratique. Les méthodes de topologie algébrique sont essentiellement, comme ce qualificatif l'indique, algébriques. Or, mes goûts me portent plutôt vers l'analyse* et la combinatoire*. Schématiquement, on peut classer les mathématiques entre algèbre*, géométrie, analyse et combinatoire. Il s'agit plus, de mon point de vue, d'un classement par les méthodes employées que par les objets étudiés. Ainsi, on peut très bien faire de la géométrie avec des techniques purement algébriques. Faire de l'analyse, cela revient au final à comparer des quantités, qui peuvent se rapporter à toutes sortes d'objets, par exemple de nature géométrique. Avec la combinatoire, on est en présence d'objets discrets, de l'algorithmique. Cela s'apparente à l'informatique théorique. Il est important de découvrir quelles mathématiques on aime pratiquer avant de choisir son domaine.

La même année où je préparais l'agrégation, j'ai également suivi les cours que l'Américain Michael Shub donnait à Orsay sur les systèmes dynamiques. Il avait été élève de Stephen Smale, l'un des pionniers du domaine, médaille Fields 1966. Cela a été mon premier contact avec les systèmes dynamiques. Mais mon indécision d'alors était grande. Dans quelle voie poursuivre ?

Le discours de nos enseignants à l'ENS était pessimiste, car il y avait peu de postes. De fait, nous ne savions pas comment nous orienter. Pour m'aider, j'ai été voir Jean Cerf, un topologue qui avait été condisciple de mon père vingt-cinq ans plus tôt à l'ENS. C'est par son intermédiaire que j'entendis parler et que je rencontrai pour la première fois Michel Herman, un mathématicien réputé spécialiste des systèmes dynamiques.

À la rentrée 1977, j'ai commencé à travailler avec lui. Pourquoi avoir choisi ce domaine ? Le cours de Shub que j'avais suivi à Orsay m'avait beaucoup plu. Mais comme je l'ai dit, cela ne suffit pas à faire un sujet de recherche. Michel Herman m'avait donné quelques petits exercices et problèmes à résoudre. Ce que je fis en y prenant beaucoup de plaisir. C'est à ce moment-là que je me suis senti bien avec ces mathématiques et que j'ai décidé de poursuivre sur les systèmes dynamiques, qui allaient devenir mon domaine d'étude. »

L'apport aux mathématiques

Les difféomorphismes du cercle

« La théorie des systèmes dynamiques a été développée par Henri Poincaré à la fin du XIXe siècle à partir de la mécanique céleste. Prenons le système solaire constitué d'un soleil (lourd) et d'un certain nombre de planètes (beaucoup plus légères). Dans la modélisation mathématique du système solaire, l'état du système est déterminé par les positions et les vitesses du soleil et de chaque planète. Les états possibles du système forment les points d'un espace appelé l'espace des phases. L'évolution de ces paramètres, c'est-à-dire le mouvement de l'état du système dans l'espace des phases, est régie par une loi d'évolution, en l'occurrence par la loi de la gravitation de Newton qui s'exprime mathématiquement sous forme d'équations différentielles. Comment va évoluer le système solaire (ou au moins son avatar mathématique : le modèle ne prend en compte que l'attraction gravitationnelle sous une forme quelque peu simplifiée) sur le long terme ? Existe-t-il une probabilité positive pour que le système soit instable en un temps fini ? Autrement dit, ce système est-il stable ou bien la Terre ou une autre planète finira-t-elle par être éjectée du cortège des planètes, rompant cette belle harmonie ? Le propos des systèmes dynamiques est justement de répondre à ce type de questions (qui soit dit en passant sont ouvertes pour le système solaire).

Le mathématicien a l'immense avantage de pouvoir simplifier les modèles en objets mathématiques qui n'ont plus un rapport direct avec la réalité physique. En l'occurrence, les problèmes soulevés par l'étude du système solaire se rencontrent sous une forme plus simple et abordable dans l'étude des difféomorphismes du cercle. Un difféomorphisme du cercle est une transformation du cercle dans lui-même, c'est-à-dire que l'on prend chaque point du cercle et qu'on lui associe un autre point du cercle. Pour être un difféomorphisme, cette transformation doit être continue, différentiable, de surcroît inversible et son inverse doit aussi être différentiable. Cela peut-être vu comme un changement de coordonnées sur le cercle infiniment différentiable ou, plus simplement encore, comme un déplacement de tous les points du cercle. Comme pour le cas du système solaire, on part d'un état initial de l'espace des phases (les points sur le cercle), on se donne une transformation (le difféomorphisme), et on tente de décrire ce qui se passe sur le long terme, lorsqu'on a itéré la transformation un grand nombre de fois.

Lorsque je l'ai rencontré, Michel Herman venait de résoudre un problème important des systèmes dynamiques baptisé "conjecture* d'Arnold", du nom de Vladimir Arnold, le mathématicien russe qui la posa au début des années 1960, et qui traitait des difféomorphismes du cercle. Après quelques mois de travail sur de petits exercices, il m'a posé un problème plus conséquent sur la "locale connexité des paires de difféomorphismes du cercle qui commutent". Bien que je n'aie pas résolu complètement ce problème qui est toujours ouvert, il m'a occupé plusieurs années et j'ai produit de nombreux résultats sur ce sujet.

Ma disposition d'esprit me fait apprécier les objets mathématiques concrets et les difféomorphismes du cercle sont des objets que je peux manipuler. J'apprécie de faire des "expériences" de mathématiques à la main sur ce type d'objets, d'essayer de nombreux cas. Je ne suis pas tenté par les grandes théories de refonte des mathématiques et je n'ai pas de talent pour ça. Je me considère plutôt comme un démonteur de théorèmes. »

La théorie KAM

« Globalement, les systèmes dynamiques ont deux types de comportement qui s'opposent. D'une part, un type de mouvement dont le prototype est un mouvement de rotation uniforme, qui correspond à des rotations sur un cercle. Typiquement, c'est le modèle de la mécanique céleste où chaque planète décrit son ellipse képlérienne autour du Soleil, indépendamment les unes des autres. Dans cette première approximation, on obtient une superposition de mouvements périodiques pour les planètes et comme ces périodes ne sont pas *a priori* commensurables, on parle de mouvement quasi périodique.

L'autre comportement intervient lorsqu'on tient compte des interactions entre les planètes. Existe-t-il alors toujours des mouvements quasi périodiques ? La théorie KAM a été mise au point pour répondre en particulier à cette question. KAM, ce sont les initiales de trois mathématiciens pionniers de cette théorie : le Russe Andrei Kolmogorov, qui, en 1954, a fait la première percée ; les résultats ont été démontrés rigoureusement quelques années plus tard par son compatriote Vladimir Arnold et indépendamment par l'Américain d'origine allemande Jürgen Moser. Selon cette théorie, lorsqu'on perturbe un système dynamique, toutes les trajectoires ne sont pas chaotiques : sous certaines conditions, il reste des "îlots" ou la dynamique est quasi périodique. Appliqué au système solaire, ce théorème signifie qu'il est possible de trouver des mouvements quasi périodiques. Autrement dit, le système solaire peut ne pas être instable, mais pour le moment rien ne prouve qu'il soit stable à très long terme… Les méthodes introduites par Kolmogorov, Arnold et Moser ont donné lieu à une multitude de résultats liés aux mouvements quasi périodiques. Le prototype de ce type de résultats se situe justement sur le cercle où l'on cherche à comparer une dynamique donnée par un difféomorphisme arbitraire à une dynamique de rotation rigide (le prototype même de mouvement quasi périodique).

Lorsqu'Arnold a démontré son résultat sur les difféomorphismes du cercle, il supposait que le difféomorphisme à étudier était proche d'une rotation. Le grand théorème démontré par Michel Herman, le résultat important auquel je faisais allusion, ne fait plus l'hypothèse de la proximité des rotations et est de ce fait plus général.

Dans tous ces problèmes KAM intervient la qualité des approximations de l'angle de la rotation rigide considéré, typiquement un nombre irrationnel α, par des nombres rationnels. Avoir de trop bonnes approximations rationnelles permet des comportements dynamiques assez éloignés de ceux d'une rotation rigide. Au contraire, l'absence de telles approximations force une très grande similitude avec une rotation rigide. On appelle souvent ces études "problèmes des petits diviseurs" : en effet, en cherchant à mesurer la déviation par rapport à la rotation rigide, on est amené à diviser par la différence entre α et ses approximations rationnelles (p/q, où p et q sont des entiers), différence qui peut s'avérer très petite. Sous la houlette de Michel Herman, j'ai contribué à la théorie KAM en généralisant encore le théorème qu'il avait démontré. »

Mouvements hyperboliques et fonctions holomorphes

« En 1981, je devais faire mon service militaire, obligatoire à l'époque. À Paris, lors d'un séminaire, j'avais rencontré Jacob Palis, un mathématicien brésilien qui travaillait à l'Institut de mathématiques pures et appliquées de Rio de Janeiro. Il m'a parlé de la possibilité d'y faire mon service militaire en tant que coopérant. En France, pays à la tradition mathématique ancienne, les systèmes dynamiques sont une des branches des mathématiques parmi de nombreuses autres. Sur le plan national, moins de 10 % des chercheurs en mathématiques travaillent sur les systèmes dynamiques. Au Brésil, la proportion est de 50 % parmi les chercheurs de haut niveau ! Cette différence s'explique par l'incroyable réussite de Jacob Palis, qui avait été étudiant de Stephen Smale. Autour de Palis s'est construite une excellente école de systèmes dynamiques, qui a fleuri au point de devenir la discipline reine des mathématiques brésiliennes. Attiré par l'aventure humaine et par cette réputation, je suis donc parti au Brésil. Ce séjour de presque deux ans a été un moment important dans ma vie de chercheur. Il a marqué le début de relations fortes avec ce pays dans lequel j'ai séjourné cinq ans en temps cumulé au cours de ma carrière. De plus, j'y ai rencontré ma femme...

J'ai commencé à travailler avec Jacob Palis sur des systèmes dynamiques un peu différents. Alors qu'en France je m'étais intéressé à des problèmes de systèmes dynamiques qui tournent autour de l'étude de la stabilité des mouvements quasi périodiques, j'ai commencé à étudier au Brésil les systèmes hyperboliques, autrement dit, les systèmes possédant de fortes instabilités, qu'on appellerait aujourd'hui chaotiques.

De retour en France en 1983, je suis passé d'Orsay au Centre de mathématiques de Polytechnique tout en restant au CNRS. L'une des raisons était que Michel Herman y travaillait, ce qui facilitait les collaborations. À cette époque, j'ai commencé à étudier un autre cas modèle des systèmes dynamiques : la dynamique holomorphe locale. Sous ce nom barbare, se cache une fonction d'une variable complexe du type $f(z) = \lambda z$ + termes d'ordre supérieur (z^2, z^3, etc.) (λ est un nombre complexe de module 1). Nous ne sommes plus tout à fait dans le cas des difféomorphismes, mais on peut tout de même itérer cette fonction et voir si on peut ramener à une rotation ou non.

Le théorème sur lequel j'ai travaillé est issu du tout premier résultat de la théorie KAM, qui est dû au mathématicien allemand Carl Siegel (et qui curieusement n'est pas dans KAM). Mon théorème porte sur la condition arithmétique que l'on doit imposer au nombre de rotations pour obtenir un comportement quasi périodique. Carl Siegel avait trouvé une condition suffisante en 1942, résultat étendu par Alexander Bruno en 1965. J'ai montré que la condition découverte par Bruno était aussi nécessaire. Autrement dit, on avait des résultats positifs d'un côté et des contre-exemples de l'autre, mais on ne savait pas ce qu'il y avait entre les deux : j'ai montré que quand la condition garantissant un résultat positif n'est pas satisfaite on pouvait toujours construire des contre-exemples. J'ai obtenu ce résultat en 1987, puis en 1988 je suis retourné à Orsay en tant que professeur d'université. »

Une médaille qui change tout

« Ce sont à la fois mes résultats sur les transformations complexes et ceux sur l'itération des polynômes qui m'ont valu la médaille Fields en 1994. Cette dernière a changé beaucoup de choses pour moi. Sans elle, je ne sais pas si j'aurais eu un poste au Collège de France. En 1997, j'y suis entré comme professeur, mais j'ai continué et je continue à avoir des thésards comme lorsque j'étais à l'université. J'ai été sollicité pour faire partie de nombreux comités. On peut dire que depuis que je suis au Collège de France, j'ai échangé la bureaucratie de l'université contre celle des comités et commissions dont je fais partie. Ainsi, je suis membre du comité d'évaluation de nombreux laboratoires mathématiques, à Montréal ou à Rio de Janeiro par exemple. Au Collège de France, j'assure la charge de secrétaire de l'assemblée des professeurs. Bref, diverses charges scientifiques et administratives. D'une certaine façon, j'ai eu la chance de partager toutes ces sollicitations avec Pierre-Louis Lions, qui a eu la médaille Fields la même année que moi pour ses travaux sur les équations aux dérivées partielles. C'était d'ailleurs la première fois que deux Français avaient la médaille Fields en même temps.

Si mes recherches portent encore beaucoup sur les systèmes dynamiques, je me suis mis à m'intéresser à d'autres objets mathématiques, comme les échanges d'intervalles. Les échanges d'intervalles sont des objets si simples à décrire qu'ils auraient pu être examinés par les mathématiciens au XIXe siècle. Or, cela fait seulement une trentaine d'années qu'on s'y intéresse sérieusement. De quoi s'agit-il ? Prenons un intervalle que l'on découpe en morceaux de longueurs pas forcément égales. Puis échangeons la position de ces morceaux par une série de translations. L'étude de ces objets est fascinante, car bien qu'il s'agisse d'objets dynamiques (dans le sens où l'on peut étudier l'évolution à long terme d'une répétition d'échanges), ils sont reliés à beaucoup d'autres branches des mathématiques : géométrie, analyse complexe* et théorie des nombres.

Les applications des mathématiques ne me déplaisent pas non plus. J'ai commencé par exemple à explorer les neurosciences. C'est un domaine où beaucoup de choses bougent et on ignore quelles mathématiques pourraient y être utiles. La dynamique des populations m'a aussi occupé un temps. Il se trouve que j'ai un frère biologiste-écologiste, professeur en Norvège, qui travaille dans ce domaine. J'ai beaucoup discuté avec lui et avec d'autres biologistes sur la manière de traiter ces problèmes du point de vue mathématique.

Il y a bien plus de choses intéressantes que de temps pour s'y intéresser et, avec l'âge, on abat moins de travail. Pour ma part, je ressens surtout que ma concentration baisse. Certes, on gagne en expérience, de sorte qu'on reconnaît plus facilement les fausses pistes, mais on perd le pouvoir de concentration que l'on pouvait avoir lorsqu'on avait 25 ans. »

L'itération des polynômes

« Lorsque je suis arrivé à Orsay en 1988, j'ai commencé à m'intéresser à un domaine entièrement nouveau pour moi : l'itération des polynômes. Ce domaine touche à la fois au chaos et au quasi périodique. De quoi s'agit-il ? Considérons un polynôme de la forme $P(z) = z^2 + c$, z étant un variable complexe et c un nombre complexe. Partant d'un complexe z, on calcule $P(z)$, puis $P(P(z))$, puis $P(P(P(z)))$ et ainsi de suite à l'infini. Ce sont deux mathématiciens français, Pierre Fatou et Gaston Julia, qui ont lancé ce domaine de l'itération dans le plan complexe dans les années 1920. Puis il y a eu une longue période de dormance jusqu'aux années 1970, lorsque l'apparition des ordinateurs a permis de faire des dessins représentant ces itérations dans le plan complexe. Les dessins produits par des mathématiciens comme Benoît Mandelbrot (voir p. 172 et suivantes) font alors apparaître des formes fascinantes, les fractales, qui vont motiver beaucoup de mathématiciens. À partir des années 1980, à Orsay, Adrien Douady et son élève John Hubbard étudient ces itérations et en particulier les ensembles de Julia et de Mandelbrot définis par l'itération de polynômes du type $P(z) = z^2 + c$. L'ensemble de Mandelbrot, dont la figure est maintenant familière, est d'un seul tenant (un théorème de Douady et Hubbard allant à l'encontre des premières images obtenues par ordinateur !). En mathématiques, on dit qu'il est connexe. Une conjecture de Douady et Hubbard affirme qu'il est localement connexe, ce qui signifie que lorsqu'on se place à n'importe quelle échelle, il est toujours d'un seul tenant. Il se trouve, pour des raisons d'analyse complexe qui datent du début du XXe siècle, que les ensembles localement connexes ont de bien meilleures propriétés que les autres. En particulier, la conjecture de Douady et Hubbard impliquerait une conjecture due à Fatou selon laquelle, si l'on prend un polynôme au "hasard" (en donnant un certain sens à hasard), la dynamique de l'itération sera très simple et il n'y aura pas de chaos visible. Numériquement, cette conjecture a l'air juste, mais il manquait la démonstration. Ce que j'ai montré, ce n'est pas la locale connexité de l'ensemble de Mandelbrot – j'aimerais bien – mais que dans beaucoup d'endroits, l'ensemble de Mandelbrot est effectivement localement connexe. Autrement dit, si la conjecture de Douady et Hubbard est fausse, j'ai identifié en quel genre d'endroit elle pourrait être fausse. »

Les figures marquantes

« Michel Herman (1942-2000), mon "patron de thèse", a été indiscutablement une figure marquante. Ma vie mathématique d'apprenti chercheur a d'abord été rythmée par nos rencontres. Au début de chaque séance, je lui exposais les progrès que j'avais pu faire sur les exercices qu'il m'avait soumis, mais aussi les points sur lesquels je butais. Il commençait alors un long monologue, entrecoupé de quelques questions timides de ma part. C'était une promenade à bâtons rompus dans tout le champ des systèmes dynamiques et domaines connexes, agrémentée de digressions sur la philosophie, la politique et les diverses façons dont les mathématiciens fonctionnent... À vrai dire, seule une petite partie de ses considérations faisait immédiatement sens pour moi, d'autant que son discours oral n'était pas toujours en accord complet avec ce qu'il jetait au tableau – ce que je m'étais toujours gardé de lui faire remarquer, d'autant qu'il revenait fréquemment, d'une séance à l'autre, sur les mêmes thèmes, de sorte qu'une cohérence finissait par se dégager.

Il s'investissait de façon extrêmement forte dans ses relations avec ses étudiants. Une bonne partie de ma première année à l'ENS s'était déroulée au Chess Max Center, un club d'échecs sis dans un café de la rue des Feuillantines (dont le patron s'appelait Max). J'ai continué les années suivantes à m'entraîner et disputer diverses compétitions, ne cachant pas à Michel

Herman mon intérêt pour le noble jeu. Bientôt, il s'inquiéta de ce que cette passion ne me détournât de la voie sacrée des mathématiques. Je ne devais pas le rassurer vu les grands moyens qu'il n'hésitait pas à employer comme, par exemple, appeler mes parents que, pourtant, il ne connaissait pas personnellement !

Adrien Douady (1935-2006) m'a également marqué, comme il a marqué tous ceux qui l'ont connu. Avec sa barbe immense, son front dégarni, il ne payait pas de mine au premier abord, mais c'était une grande figure des mathématiques. Ses travaux en géométrie analytique complexe, en systèmes dynamiques et sur la théorie des fractales ont eu un impact considérable dans ces domaines. Quoique président du jury de la thèse d'État que j'ai passée en 1985, il n'avait pas lu la thèse en question. Mais avant la soutenance, j'ai été lui raconter le sujet qu'il a fort bien compris. Il m'a posé de nombreuses questions et nous avons beaucoup discuté. Je l'ai croisé ensuite, mais c'est surtout quand j'étais professeur à Orsay, entre 1988 et 1996, que nous nous sommes beaucoup fréquentés. C'était l'époque où je travaillais sur des sujets proches des siens. Adrien Douady m'a marqué par sa largesse d'esprit, sa curiosité permanente, sa disponibilité vis-à-vis de ses étudiants et son humour. Je garde d'ailleurs encore aujourd'hui de très bons liens avec nombre de ses élèves.

Je citerai aussi Jacob Palis, un mathématicien admirable. À côté du rôle de mathématicien de tout premier plan qui a eu de très nombreux étudiants en thèse (plus de quarante), il a un don incroyable pour organiser la recherche. Si le Brésil est ce qu'il est du point de vue mathématique, c'est en grande partie à Palis qu'il le doit. Ses talents de gestion et d'organisation sont considérables.

Je terminerai cette énumération forcément incomplète par le Suédois Lennart Carleson, qui a reçu de nombreux prix, dont le prix Abel* en 2006. Ce mathématicien a largement contribué aux domaines de l'analyse harmonique et des systèmes dynamiques. Non seulement il a démontré des théorèmes extrêmement difficiles, mais les méthodes qu'il a inventées pour les prouver se sont révélées aussi importantes que les théorèmes eux-mêmes. »

Le Mystère de Marie Roget (1843, 1864 pour la traduction de Baudelaire), Edgar Allan Poe

« Dans cette nouvelle peu connue d'Edgar Allan Poe, un auteur qui m'a toujours enthousiasmé, il y a une citation que j'emploie très souvent, car elle fait penser aux systèmes dynamiques, même si elle se rapporte ici à une enquête policière : "Car, relativement à la dernière partie de la supposition, on doit considérer que la plus légère variation dans les éléments des deux problèmes pourrait engendrer les plus graves erreurs de calcul, en faisant diverger absolument les deux courants d'événements ; à peu près de la même manière qu'en arithmétique une erreur qui, prise individuellement, peut être inappréciable, produit à la longue, par la force accumulative de la multiplication, un résultat effroyablement distant de la vérité." Il s'agit d'une description lucide de ce qu'est la sensibilité aux conditions initiales, l'une des grandes caractéristiques des systèmes dynamiques. C'est peut-être même la première description de ce qu'on a nommé récemment l'"effet papillon", l'idée qu'à cause du caractère instable des évolutions dynamiques associées au système météorologique, les battements d'ailes d'un papillon pourraient sur le long terme être à l'origine de tempêtes et de cataclysmes. »

Regard sur la discipline

« Longtemps j'ai participé à des instances sur l'enseignement des mathématiques. De manière générale, on voit bien où est le problème : comment gérer la massification de l'enseignement. J'estime que cette massification est souhaitable, mais qu'elle pose des problèmes compliqués. L'une des voies à explorer devrait à mon avis passer par un rééquilibrage entre enseignement secondaire et enseignement supérieur. La France est l'un des pays occidentaux dont la proportion de financement de l'enseignement secondaire comparé à celui de l'enseignement supérieur est la plus grande et ce n'est pas raisonnable de continuer ainsi. Il faudrait privilégier le supérieur, du moins pendant un certain temps. Lorsqu'on compare les universités françaises à des universités européennes, c'est assez flagrant, ne serait-ce qu'au niveau de la qualité des locaux.

Un problème propre à l'enseignement des mathématiques est qu'on met trop l'accent sur l'axiomatisation des mathématiques. Cela a des effets pervers. Beaucoup de monde, y compris certains de mes collègues biologistes ou chimistes à l'Académie des sciences, considèrent les axiomes comme des règles du jeu décrétées par les mathématiciens, règles arbitraires auxquelles d'autres pourraient se substituer. De même qu'aux échecs on obtient une variante du jeu en changeant les règles de déplacement des pièces, ces personnes pensent qu'en choisissant des règles différentes par ci par là, des axiomes différents, on obtiendrait d'autres mathématiques qui auraient aussi bien le droit d'exister. Rien de plus faux. Les mathématiques ne sont pas fondées sur des axiomes sortis du chapeau : elles sont connectées à la réalité. Lorsqu'on pose les axiomes des groupes*, on ne les a pas choisis au hasard : les groupes existent tels qu'ils sont. Insister sur cette représentation axiomatique fait perdurer cette idée de règles arbitraires. Au lycée, il faudrait au contraire montrer que les mathématiques sont ancrées dans la réalité, que cela n'est pas qu'un jeu inventé pour le plaisir des mathématiciens.

Néanmoins, je reste optimiste pour la recherche. Par la structure de l'enseignement supérieur, la France détecte précocement le talent mathématique chez les élèves. Ce genre de talent est probablement dans la même proportion dans tous les pays, mais il n'y est peut-être pas détecté de la même manière. De ce point de vue, l'enseignement est efficace. »

À LIRE

Petits diviseurs en dimension 1, *Astérisque* n° 231, Société mathématique de France, 1995.

À consulter

smf4.emath.fr/Publications/Gazette/2006/107/smf_gazette_107_18-26.pdf : texte d'une conférence grand public qui date de 2006.

Annexes

Glossaire

Cahier pratique

- **Les formations**
- **Les métiers**

Glossaire

Algèbre : domaine des mathématiques qui étudie les structures, tels les groupes*, les corps ou les anneaux. L'étude des structures algébriques est baptisée **algèbre abstraite** (ou algèbre générale), par opposition à l'**algèbre élémentaire** qui consiste en des calculs qui combinent lettres, nombres et opérations, comme dans la résolution d'équations (calcul algébrique). L'algèbre possède des connexions avec toutes les branches des mathématiques.

Algèbre de Lie : espace vectoriel muni d'une loi de composition interne particulière (baptisée crochet de Lie, d'après le mathématicien norvégien Sophus Lie) qui confère à cet espace vectoriel une structure d'algèbre*.

Algèbre linéaire : branche de l'algèbre* qui s'intéresse aux espaces vectoriels, dont les éléments sont des vecteurs, et aux opérations dans ces espaces abstraits (applications linéaires, systèmes d'équations linéaires, matrices, etc.).

Analyse : domaine des mathématiques fondé sur la notion de limite et de calcul infinitésimal. Aujourd'hui, l'analyse est divisée en sous-domaines dont l'**analyse complexe** (analyse de fonctions du plan complexe), l'**analyse numérique** (la recherche de solutions numériques à des équations) et l'**analyse réelle** (étude formelle des dérivées et des intégrales de fonctions à valeurs réelles).

Analyse stochastique : domaine de l'analyse qui s'intéresse aux phénomènes qui évoluent dans le temps de manière aléatoire. Ses applications vont de la modélisation des phénomènes naturels aux marchés financiers, en passant par les télécommunications (modélisation de l'accès au réseau Internet par exemple).

Automorphisme : c'est un morphisme (une application entre deux ensembles munis d'une même espèce de structure algébrique, qui respecte cette structure) d'un objet d'une catégorie donnée dans lui-même qui est également un isomorphisme (une relation entre deux objets qui démontre leurs similitudes). Dans le cas où la catégorie est une structure algébrique, il s'agit simplement d'une application bijective qui préserve la ou les lois de composition de la structure.

Biomathématiques : science pluridisciplinaire constituée par l'ensemble des méthodes et techniques mathématiques, numériques et informatiques qui permettent d'étudier et de modéliser les phénomènes et les mécanismes biologiques. La génomique ou la biologie des populations bénéficient grandement des outils qui y sont mis au point.

Bourbaki : groupe de mathématiciens français qui se sont rassemblés avec le projet de présenter de manière cohérente et rigoureuse les mathématiques en se fondant sur la notion de structure. Parmi les fondateurs de ce mouvement créé en 1935 on trouve André Weil (1906-1998), Henri Cartan (1904-2008), Claude Chevalley (1909-1984), Jean Dieudonné (1906-1992) et Szolem Mandelbrojt (1899-1983), pour ne citer que ceux qui sont évoqués dans cet ouvrage. De nombreux mathématiciens se sont succédés pour prendre le relais jusqu'à aujourd'hui : outre le colossal *Éléments de mathématiques*, commencé en 1935 et pas encore terminé, se tiennent régulièrement des « séminaires Bourbaki » dont les actes sont publiés. L'influence du bourbakisme a culminé dans les années 1960-1970 avec des mathématiciens comme Laurent Schwartz, Jean-Pierre Serre ou Alexander Grothendieck.

Combinatoire : domaine des mathématiques qui étudie les configurations de collections finies d'objets et leur dénombrement. Au niveau élémentaire, l'analyse* combinatoire consiste par exemple à déterminer le nombre de manières de ranger des livres sur une étagère ou de tirer un carré dans un jeu de cartes. La combinatoire est notamment utilisée en informatique théorique pour estimer le nombre d'éléments de certains ensembles. Ce sont aussi les outils de la combinatoire qui ont aidé Wendelin Werner à résoudre les problèmes qui lui ont valu la médaille Fields*.

Conjecture : hypothèse non démontrée mais proposée comme vraie. Lorsque la démonstration est établie, la conjecture devient un théorème. Parmi les célèbres conjectures qui ont été démontrées on peut citer la conjecture de Fermat, démontrée par le Britannique Andrew Wiles en 1994 et qui est devenue le théorème de Fermat-Wiles. Beaucoup de conjectures, pourtant énoncées il y a longtemps, résistent encore à la démonstration.

Convergence logarithmique : la convergence est une propriété fondamentale des suites et des séries*, ainsi que des fonctions. Le terme logarithmique indique que la convergence est analogue à l'évolution de la fonction logarithme*, autrement dit qu'elle est lente (par opposition à la convergence exponentielle* qui est rapide).

Courbe elliptique : courbe dont l'équation peut se mettre sous la forme d'un polynôme (courbe algébrique) et qu'on munit d'une propriété d'addition sur ses points : en « additionnant » deux points de la courbe on obtient un autre point de la courbe. C'est notamment en utilisant les courbes elliptiques qu'Andrew Wiles a pu démontrer le théorème de Fermat-Wiles.

Dimension fractale (dimension de Hausdorff) : est la dimension, pas forcément entière, d'une courbe fractale. Elle s'exprime à partir d'une notion de topologie* baptisée dimension de Hausdorff. Lorsque la courbe fractale est formée de la réplication de n exemplaires réduits d'un facteur h, la dimension fractale de la courbe est $D = \ln n / \ln h$.

Distribution : théorie formalisée par Laurent Schwartz dans les années 1940 qui étend la notion de dérivée. Une distribution est un objet mathématique qui étend les notions de fonction et de mesure. Par exemple, le pic de Dirac, un objet mathématique qui représente un signal de durée nulle et d'énergie infinie, est formellement représenté par une distribution.

Exponentielle : fonction mathématique qui transforme une somme en produit et dont la variation est rapide.

Forme quadratique (entière) : c'est un polynôme homogène de degré 2 avec un nombre quelconque de variables. Par exemple, $F(x, y) = ax^2$

$+ by^2 + 2cxy$ ou $F(x) = ax^2$ sont des formes quadratiques. Elles sont dites entières si les coefficients sont entiers.

Géométrie algébrique (réelle) : au carrefour de le géométrie et de l'algèbre*, ce domaine des mathématiques est l'étude de l'ensemble des points définis par des équations polynomiales (les variétés* algébriques).

Géométrie différentielle : ce domaine des mathématiques applique les outils du calcul différentiel (la dérivation et l'intégration notamment) à l'étude des objets géométriques. Ses objets de base sont les variétés* différentielles, une variété suffisamment régulière pour qu'on puisse y effectuer du calcul différentiel.

Groupe : notion fondamentale de l'algèbre*, le groupe est un ensemble (non vide) muni d'une loi de composition interne qui obéit à certaines propriétés. Les groupes se trouvent partout. Par exemple, l'ensemble des entiers relatifs muni de l'addition a une structure de groupe. Il existe des **groupes finis** (constitués d'un nombre fini d'éléments), des **groupes conformes** (qui comprennent les symétries de changement d'échelle et les symétries de la relativité restreinte), des **groupes de Lie** (les groupes continus), etc.

Jeu de la vie : inventé par l'Américain John Horton Conway en 1970, le jeu de la vie est un automate cellulaire, c'est-à-dire une grille de cellules qui évolue selon des règles déterminées. Les règles du jeu de la vie, qui se joue sur un damier bidimensionnel infini, sont très simples : on examine les huit voisins possibles d'une case ; si une case est entourée d'exactement trois voisins elle naît (état 1), si elle était vivante (état 1) et qu'elle possède 2 ou 3 voisins, elle reste vivante (état 1), sinon elle meurt (état 0). Malgré la simplicité de ces règles, on peut simuler quantités de phénomènes et même voir apparaître une auto-organisation.

Logarithme : fonction mathématique qui transforme les produits en somme : $\log(a \times b) = \log a + \log b$. Le logarithme naturel, ou logarithme néperien (noté ln), est un cas particulier réciproque de la fonction exponentielle*. La fonction logarithme a une croissance lente.

Mathématiques discrètes : étude des structures mathématiques non continues, comme les nombres entiers ou les graphes. La plupart des objets étudiés en mathématiques discrètes sont des ensembles dénombrables. Les notations et les concepts des mathématiques discrètes sont notamment utilisés pour étudier des problèmes et des objets en algorithmique et en programmation.

Médaille Fields : la plus prestigieuse récompense en mathématiques, proposée par le mathématicien John Charles Fields (1863-1932), qui s'émouvait de l'absence de prix Nobel dans cette discipline. Depuis 1936, elle est attribuée tous les quatre ans et distingue chaque fois entre 2 et 4 mathématiciens de moins de 40 ans. Les lauréats français sont Laurent Schwartz (1950), Jean-Pierre Serre (1954), René Thom (1958), Alexander Grothendieck (1966), Alain Connes (1982), Jean-Christophe Yoccoz et Pierre-Louis Lions (1994), Laurent Lafforgue (2002), Wendelin Werner (2006) et Cédric Villani et Bao Châu Ngô (2010).

Prix Abel : Le prix Abel couronne une carrière exceptionnelle en mathématiques, ce qui en fait une récompense plus proche du prix Nobel que ne l'est la médaille Fields*. Créé par le gouvernement norvégien en l'honneur du mathématicien Niels Henrik Abel (1802-1829), ce prix, décerné une fois par an, a été attribué pour la première fois en 2003 à Jean-Pierre Serre. En 2009, ce prix a été décerné à Mikhaïl Gromov, qui travaille à l'IHÉS.

Série : suite de nombres exprimée sous forme d'une somme. Une **série infinie** généralise cette notion en une somme infinie de termes. La somme des inverses des entiers (1+1/2+1/3+1/4...) est une série divergente (elle devient infinie). En revanche, la somme des inverses des carrés des entiers (1+1/4+1/9+1/16...) est une série qui converge vers $\pi^2/6$.

Théorème de Noether : énoncé par la mathématicienne allemande Emmy Noether (1882-1935), ce théorème exprime le lien fondamental entre les symétries et les lois de conservation. Il est très utilisé en physique théorique.

Théorie conforme des champs : il s'agit d'une théorie quantique des champs qui est invariante par changement d'échelle. Cette théorie s'applique à la **théorie des cordes** (qui décrit les particules comme des vibrations de minuscules cordes) ainsi qu'en physique statistique.

Théorie des catastrophes : créée par le mathématicien français René Thom (1923-2002) dans les années 1960, cette théorie étudie les systèmes où des actions continues peuvent produire un résultat discontinu, une « catastrophe ». De tels systèmes décrivent assez bien de nombreux phénomènes naturels.

Théorie des déformations : imaginons une structure mécanique pas complètement rigide qui peut se déformer légèrement lorsqu'elle est soumise à des forces extérieures ; la théorie consiste en l'étude de ces déformations. Plus généralement, c'est l'étude des conditions infinitésimales qui résultent de l'application du calcul différentiel pour résoudre des problèmes avec des contraintes.

Théorie des jeux : approche mathématique de problèmes de stratégie, où le succès d'un individu ou d'un agent dépend du choix des autres. Initialement mise au point pour les jeux à somme nulle (jeu où la somme de tous les gains des joueurs est égale à 0), la théorie des jeux s'intéresse aujourd'hui à des problèmes variés que l'on trouve en recherche opérationnelle, en biologie et plus généralement en sciences sociales.

Théorie ergodique : branche des mathématiques fondée sur l'étude de l'hypothèse ergodique, qui stipule qu'à l'équilibre la valeur moyenne d'une grandeur est égale à la moyenne d'un très grand nombre de mesures prises dans le temps. Cette discipline a des liens avec les systèmes dynamiques (voir Jean-Christophe Yoccoz).

Topologie : branche fondamentale des mathématiques qui étudie les déformations spatiales par des déformations continues. Par exemple, du point de vue de la topologie, une tasse à café est équivalente à un anneau (espace avec un trou), car on peut déformer de manière continue, sans arrachage ni recollement, l'un en l'autre. Ces objets fondamentaux sont les espaces topologiques.

Topologie algébrique : consiste en l'application des outils de l'algèbre* à l'étude des espaces topologiques. Elle cherche notamment à classer les variétés*.

Transfinis : nombres infinis mis en évidence par le théoricien des nombres Georg Cantor (1845-1918). Étudiant l'infini, il a ainsi remarqué une hiérarchie dans l'infini : il y a des infinis plus grands que les autres... Par exemple, l'ensemble des nombres réels est beaucoup plus grand que l'ensemble des entiers (qui est pourtant infini).

Variété : généralisation de la notion de surface ou d'espace. Il s'agit d'un espace topologique abstrait construit par recollement d'autres espaces simples. Une courbe est une variété, de même qu'une surface bidimensionnelle ou même l'espace euclidien tridimensionnel. L'espace-temps de la relativité générale est aussi modélisé par une variété à quatre dimensions. Il existe de nombreux types de variétés selon le domaine auquel on s'intéresse (il existe aussi des variétés en algèbre* et en géométrie algébrique*).

Les formations

Pour devenir chercheur en mathématiques, il est nécessaire de passer une thèse de doctorat, ce qui s'effectue après un 2e cycle de mathématiques (master 1 et master 2). Ce 2e cycle est souvent effectué au sein de l'université, mais de plus en plus d'écoles d'ingénieurs délivrent également des diplômes de master.

Beaucoup de mathématiciens passent par l'École normale supérieure (ENS), la voie royale qui se fait après les classes préparatoires aux grandes écoles (CPGE). Aujourd'hui, il existe trois ENS, l'une rue d'Ulm à Paris, l'autre à Lyon et enfin la dernière à Cachan. Toutes dispensent des enseignements de mathématiques de haut niveau, souvent au sein d'un magistère de mathématiques en partenariat avec des universités.

L'École polytechnique, à Palaiseau, a également produit bon nombre de mathématiciens de premier plan, mais il ne faut pas oublier que l'essentiel de la recherche en France se fait au sein des universités et la grande majorité des thèses s'y prépare.

Pour l'enseignement, les deux concours, CAPES et agrégation, se préparent dans les universités et/ou les ENS.

Les métiers

Une formation se choisit en fonction d'un avenir. Si le métier de chercheur en mathématiques est omniprésent dans ce livre à travers les témoignages des chercheurs, il en existe bien d'autres où les mathématiques ont une place prépondérante.

– Enseignants du secondaire : pour enseigner les mathématiques au collège ou au lycée, il faut passer un concours du type CAPES, CAPLP ou agrégation. À noter que ces dernières années, le nombre de places offertes au concours de l'agrégation était de l'ordre de 250. Avec l'agrégation, il est également possible d'enseigner dans les classes préparatoires aux grandes écoles (CPGE).

– Chercheurs ou enseignants-chercheurs : la grande majorité des chercheurs en mathématiques sont en fait enseignants-chercheurs et de fait enseignent aussi à l'université. En effet, le CNRS emploie moins de 500 mathématiciens contre 3 500 pour les universités. C'est pour ces métiers que le doctorat est nécessaire.

– Depuis quelques dizaines d'années, les mathématiques appliquées ont pris leur place parmi les spécialités d'ingénieurs. L'ingénierie mathématique est particulièrement représentée en mathématiques financières, traitement du signal, statistique, ingénierie du risque, cryptologie et sécurité informatique, analyse numérique, calcul scientifique ou traitement d'image. Et la liste des secteurs où ces professionnels utilisent les mathématiques comme principal outil de travail s'allonge chaque année. On peut encore citer actuaire (ingénieur en assurance) ou biostatisticien. Indubitablement une matière d'avenir.

Les sites utiles

Pour se faire une idée des métiers auxquels mènent les enseignements de mathématiques, on pourra consulter avec profit la brochure de la Société mathématique de France (SMF) publiée en partenariat avec l'ONISEP (téléchargeable sur le site de la SMF) : smf.emath.fr/Publications/ZoomMetiers DesMaths/Presentation/.

Sur l'orientation, le site de l'ONISEP reste une référence : www.onisep.fr. On peut notamment y télécharger et commander des fiches d'orientation par métier.

Dans la même collection

- *Comment je suis devenu* ***géographe***, S. Allemand
- *Comment je suis devenu* ***économiste***, A. Slim
- *Comment je suis devenu* ***ethnologue***, A. Dhoquois
- *Comment je suis devenu* ***journaliste***, S. Allemand
- *Comment je suis devenu* ***philosophe***, S. Arc
- *Comment je suis devenu* ***physicien***, F. Nicot
- *Comment je suis devenu* ***chimiste***, R.-E. Eastes & É. Kleinpeter
- *Comment je suis devenu* ***géomaticien***, F. de Blomac
- *Parcours d'****avocat(e)s***, Ch. Perrin et L. Gaune

À paraître

- *Parcours de* ***psy***, L. de Kerchove & A. Ricou
- *Parcours d'****astrophysiciens***, A. Khalatbari
- *Parcours d'****architectes***, Ph. Lefèvre & J. Cheynut
- …

Pour connaître la liste complète des titres de la collection :

www.lecavalierbleu.com

Éditeur : Marie-Laurence Dubray
Collection conçue et dirigée par Sylvain Allemand

Crédits photos : J.-L. Baudry (p. 23), M. Sabah/IHÉS (p. 41), M. Broué (p. 61), K. Chemla (p. 77), P. Potrowl – GFDL+CC-BY-SA-3.0 (p. 95), N. El Karoui (p. 111), D. R. (pp. 108, 155, 173a, 192), Mingyu Xu (p. 123), D. Guedj (p. 129), Ph. Pajot (pp. 147, 179, 213), B. Mandelbrot (pp. 163, 173b), W. Werner (p. 197).

Remerciements de l'Éditeur à : Anne-Laure Marsaleix et Jérémy Vinerbi.

Imprimé en France en décembre 2010 sur les presses de l'imprimerie EMD à Lassay-les-Châteaux - N° 24339.

ISBN 978-2-84670-285-0 / Dépôt légal : janvier 2011.